監修者――佐藤次高／木村靖二／岸本美緒

［カバー表写真］
バリ島の棚田

［カバー裏写真］
かめ作りの村から出荷される農家用水がめ
（エヤーワディ河畔、1987年）

［扉写真］
牛車を操り、脱穀場の準備をする女性
（上ビルマ、1999年）

世界史リブレット84

東南アジアの農村社会

Saito Teruko
斎藤照子

目次

東南アジアの農村

東南アジアは身近になった。記憶に新しい韓流ブームにみられるような東アジアからの映像や音楽の急激な流入に比べると、東南アジアからの文化発信はまだかぎられているが、生活にかかわる文化という点では東南アジアからの家具、雑貨、布そして料理などが少しずつ浸透してきている。日本のなかで東南アジア世界のイメージが徐々に広がり、東南アジアのもつ多様な文化に向けて目が開かれてきたことがそれなりに実感される。

しかし、本書であつかう東南アジアの農村にかんしてはどうだろう。島嶼《とうしょ》部であれ、大陸部であれ、東南アジアの農村社会の姿やそこに暮す人びとをはっきりしたイメージで思い描くことができる人はごく少数であると思われる。東南アジアから輸入される果実や野菜を日々食していても、それを生産している人びとや村を具体的にイメージすることは難しいのが実情ではないだろうか。

　東南アジアという地域の範疇《はんちゅう》については、現代では共通の了解が形成されている。世界地図の上でここからここまでの範囲だと図示もされている。そこには新たに独立した東ティモール▲を含めて一一の国民国家が存在し、それらの国家間ではＡＳＥＡＮ▲の動向にみられるように、東南アジアであるという共通性を強めていこうという了解も存在する。東南アジア地域は、しだいに東南アジアになりつつあり、東南アジアとして進化しているということもできる。

　しかし、東南アジアの農村社会という範疇については、かならずしもそうではない。「農村社会」をここでは、景観的に農業的な土地利用が広がり、主たる生業を農業におく人びとが住民の多数を占め、そしてコミュニティと呼べるような社会的まとまりを有する人びとの集団とすると、東南アジア世界のなかにどれだけの農村社会が存在するのかどうかを確定することは歴史的にもなかなか困難であり、経済開発が進み急激な変化のなかにある近年は、その困難さがますますましてきている。

▼東ティモール　一九九九年、国連主導の住民投票により、領有権を主張していたインドネシアから離れ、二〇〇二年に正式に独立した。

▼ASEAN(東南アジア諸国連合)　一九六七年、インドネシア、マレーシア、フィリピン、タイ、シンガポールの五カ国によって設立。域内経済協力推進、地域紛争の自主的解決をめざす。のちブルネイ、ベトナム、ラオス、ミャンマー(ビルマ)、カンボジアも加盟し一〇カ国を網羅。

インド
バングラデシュ
昆明
中華人民共和国
マンダレー
ヤエ
チェントン
景洪
ワディ
川
ミャンマー
(ビルマ)
ベンガル湾
タウンジー
タウングー
ハノイ
ルアンジン
ルアンパバン
チェンマイ
ヴィエンチャン
ヤンゴン
スコータイ
ラオス
海南島
台北
台湾
香港
モールメイン
コンケーン
サワンナケート
フエ
アンダマン諸島
ナコンラーチャシーマー
ウボンラーチャターニー
ベトナム
アユタヤー
タイ
パークセー
バンコク
トンレサップ湖
カンボジア
プノンペン
ホーチミン
メコン川
南シナ海
ルソン島
マニラ
フィリピン
パナイ島
セブ島
セブ
イロイロ
ネグロス島
スルー海
ミンダナオ島
サンボアンガ
ダバオ
太平洋
北マリアナ諸島
ミクロネシア
パラオ諸島
コロール
パラオ
ナコンシータンマラート
タイランド湾
ハジャイ
コタバル
バンダアチェ
ペナン
マラッカ海峡
マレーシア
ブルネイ
コタキナバル
サンダカン
サバ
スルー諸島
バンダルスリブガワン
メダン
クアラルンプール
シンガポール
クチン
サラワク
ブカンバル
パダン
ポンティアナック
マナド
モルッカ諸島
カリマンタン島
(ボルネオ島)
スマトラ島
パレンバン
バンジャルマシン
スラウェシ島
ニューギニア島
パプアニューギニア
アンボン
インド洋
ジャワ海
ジャカルタ
インドネシア
マカッサル
バンダ海
スマラン
バンドン
スラバヤ
バリ島
ジョグジャカルタ
ジャワ島
スンバワ島
フローレス島
ディリ
東ティモール
ティモール島

●現在の東南アジア

東南アジア地形図

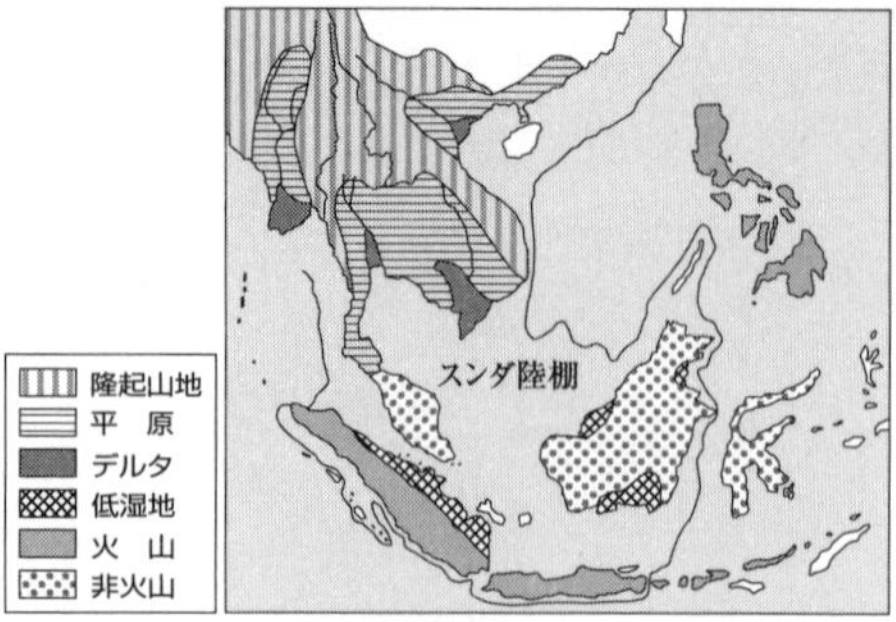

大陸部と島嶼部にまたがる東南アジアは気候、地形の自然条件、そしてエスニック・グループや言語の多様性で知られるが、農業、農法や人びとの居住単位の村をとっても同じことがいえる。それぞれの国のなかでの農業の位置づけも多様である。カンボジアやビルマ（ミャンマー）、ベトナムのようにいまだ就業人口の過半数が農林水産業に従事している国もあれば、マレーシアやフィリピンのように就業人口の二〜三割程度にすぎない国もある。シンガポールやブルネイのような都市国家では、そもそも農業も農民もほとんど存在しない。国という単位でなく、自然地理的条件からみても山地部、平野部、デルタ部、そして島嶼の低湿地などの立地条件によって農業の様態も村落の形成も大きく異なる。

さらに十九世紀以降の東南アジアをみると、大きな歴史的変化が進行している。この変化は、二十世紀をへてますます加速し、一九七〇年代以降の急速な経済発展のなかで農村と都市の境界が急速に溶融してきている。明治以降の日本の農業・農村を振り返るとその変化の大きさにあらためて驚かされるが、東南アジアも例外ではない。

このように変化をはらんだ多様な世界を、にもかかわらず、一つの個性ある世界として提示することができるのだろうか。研究史を振り返ってみると、このとらえがたい世界を果敢に切り取り、意味づけて理論化しようとした何人かの先達《せんだつ》がいる。そしてそうした問題提起にたいしては、つねに賛否の大議論が巻き起こった。

本書では、最初に特色ある東南アジア(農村)社会像を提示してきた代表的理論とそれをめぐる議論を紹介し、東南アジアの農村がいかに描かれてきたかを示す。つぎにそれぞれの地域において積み上げられてきた実証的研究の蓄積を踏まえて、前近代、植民地時代、そして独立後の開発の時代において東南アジア諸地域の農村社会がどのような変容をとげてきたかをたどってみる。最後に都市と農村の境界が溶融し、世界の経済や文化が直接農村部にも結びつくような近年の状況を考察し、東南アジアの農業と農民の暮しの行方を展望する。

①—東南アジア農村社会像の創出

J・ブーケとJ・S・ファーニヴァル

今からおよそ一〇〇年前のことである。西欧社会で発達した社会科学の理論をそのまま適用して東南アジア社会を把握するわけにはいかないと考えた二人の若い学徒がいた。一人はオランダの植民地政策学や民俗学、慣習法研究の拠点ライデン大学で、学位論文を執筆中のブーケ▲、もう一人はイギリスの新古典派経済学の牙城、ケンブリッジで経済学を学び、卒業後インド文官としてビルマに赴任していたファーニヴァル▲である。一九一〇年、ブーケは「熱帯植民地経済の問題」と題する博士論文をライデン大学に提出し学位を取得した。同じ年、ファーニヴァルは、ビルマでの知見をもとに「消費の組織化」と題する小論を著名な経済学誌『エコノミスト』に発表した。のちにブーケの二重経済論(二重社会論)、ファーニヴァルの複合社会論として有名になる理論の出発点だった。

二人は、東南アジア社会を考察するために独自の社会経済理論を発展させね

▼**J・ブーケ**(一八八四〜一九五六)　オランダのインドネシア経済研究者。ライデン大学で熱帯植民地経済学を二五年にわたって講じる。主著は『二重社会の経済学と経済政策』。

▼**J・S・ファーニヴァル**(一八七八〜一九六〇)　イギリスの植民地行政官・学者。ビルマに半生を過ごし、研究と高等教育に多くの業績を残した。その「複合社会」の概念は、東南アジア社会だけでなく、カリブ諸国の社会経済を説明するさいにも用いられた。

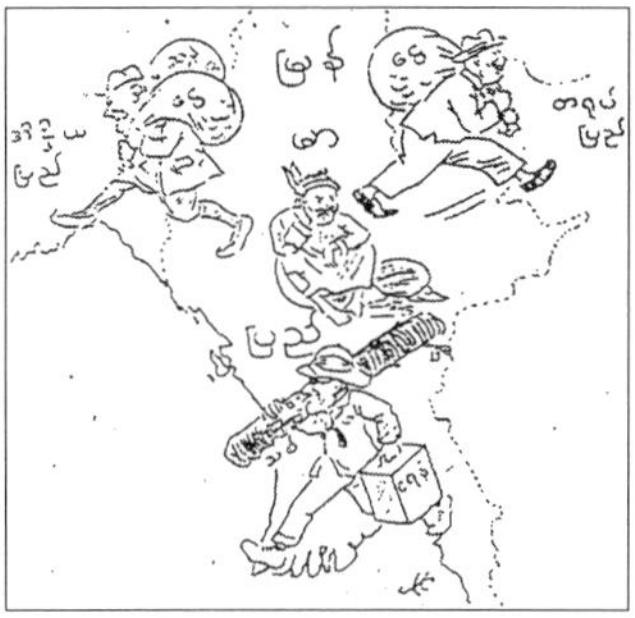

イメージ化された複合社会1
「外国人はそれぞれ植民地〈ビルマ〉から大きな利益を持ち帰るが、現地人は貧困のなかに取り残されている」という図〈ここではイギリス人は、チーク材と石油〈下〉、中国人は金袋〈右上〉、インド人は米袋と金袋を運んでいる〈左上〉〉。一九三〇年代のビルマ語新聞の漫画。

ばならないという主張においては同じながら、その理論構成はかなり異なる。

ファーニヴァルの議論の要は、植民地社会においては個人の消費需要は存在しても、「社会的需要」が組織されないという点にあった。ファーニヴァルのいう「社会的需要」とは、公共財にたいする需要と言い換えることができる。その供給が市場メカニズムには委ねられず、社会的・集団的決定によってはじめて実現する財（道路、教育、福祉、衛生など）にたいする需要である。では、なぜそうした需要が植民地では組織されないのだろう。ファーニヴァルはビルマを念頭において、植民地の社会構成にその原因をみる。植民地では、頂点に少数のヨーロッパ人、中間に大量に流入してきた中国系・インド系アジア人、そして底辺に圧倒的多数の現地人が存在し、人種・民族の線にそった労働の分業が成立している。しかも異なったグループのあいだの接触は経済的取引にかぎられ、価値観や文化が共有されることがない。そのためすべてのグループを包み込むような「社会的需要」の形成が妨げられると考えた。

一九三九年に公刊したオランダ領東インドを対象とする著作のなかで、ファーニヴァルは、「一つの政治単位のなかで隣合せに生活しながら、おたがいに

イメージ化された複合社会2
「植民地社会(ビルマ)では外来の客人が幅を利かせ、現地人は隅に追いやられる」という図。一九三〇年代のビルマ語新聞に掲載された漫画。

まじり合うことのない二つないしそれ以上の構成要素、または社会秩序を内包するような社会」を複合社会と呼ぶと定義し、この社会の最大の特徴は、共通意思の欠如であり、この特徴は経済生活の場面では、諸集団のあいだにおける「共通の社会需要の欠如」としてあらわれる、と述べている。

植民地社会の基本的な問題は、彼にとって異なった人種・民族グループのあいだに共通の社会的規範や文化が存在しないために、経済の行過ぎを是正するような社会的合意が成立しないという点にあった。その結果、複合社会では「資本主義経済以上に資本主義的な」弱肉強食的な経済過程があらわれ、統合が極めて困難であるとする。

ブーケは、その二重社会論について、「この用語は、二つの完全に成熟した社会様式が同時に存在して、明確な分裂を示しているような社会に適用する」という。一つの空間のなかに、異なる経済原理にもとづいた二種類以上の社会体系が並存しており、社会を特色づける三つの要素、すなわち社会精神、支配的技術、組織形態のいずれの面においても異なった社会システムが並存しているとする。そしてこうした現象がもっともよくあらわれるのは、「輸入されたヨーロッパ資本主義が、前資本主義の農業社会に浸透するが、土着の社会全体が——多少の損傷をまぬがれないにせよ——その本質を保持しうる場合であり、逆にいえばその社会が資本主義的原理を採用できず、それを十分に展開できない場合である」とした。しかも、この二重性は構造化され「半永続的に解消されない」ものだと考えた。

ファーニヴァルは複合社会の発生原因を、植民地における異質のグループによる分業の成立と、グループのあいだに共通の意思が欠落して社会的需要が組織化されない点に求めた。こうした社会では、共通の社会的意思によって経済作用がコントロールされることはないので、弱肉強食的な経済過程が現出する。経験、技術、資本に劣る現地人のグループは、ヨーロッパ人のみならず、中国人、インド人との競争においても、不利な立場におかれて、社会的上昇をはばまれる、こうして複合社会が構造化される、という見方である。一方、ブーケはこうした二重性が構造化される原因を、農村社会に生きるインドネシア農民の精神世界と、それにもとづく行動様式に求めている。ジャワの村(デサ▲)を念頭にブーケが描き出した東洋的農村と東洋的農民像はつぎのようなものだった。

▼デサ　サンスクリット語からの借用語で地方、村を指す。現在のインドネシア語では、デサは行政村の意味で使用され、集落はカンプンと呼ばれている。

インドネシアの村落はたんなる集合体ではなく、共同体（コミュニティ）であり、その基礎は主として宗教と自給的農業にある。村人であるということは、村に居住するだけではなく、慣習を守り村の義務をはたすということを意味する。村人の経済行動においては、私的所有観念よりも共同体的所有観念が、個人の「経済的需要」よりも「社会的需要」が、「利潤原則」よりも「生存原則」が優先する。こうしたインドネシアの村にとって市場向け経済はまったく異質なものであり、村落の経済はこうした村落共同体のなかで考えるべきで、ヨーロッパの自由主義経済学が説く個人的経済行動を基礎にして理解することはできないとする。

ファーニヴァルは、植民地社会の底辺にあって一次産品生産に従事している現地人社会にも資本主義は浸透し、農民たちもまた経済領域においては個人の利得動機で行動しているとみている。経済領域においては利得動機で行動する人間像という点では、ヨーロッパとアジアのあいだに区別立てはしない。二人のアジア植民地社会の農民像は極めて対照的である。

さらに、ブーケとファーニヴァルのいう「社会的需要」はそれぞれ異なった意味を込めて使われている。ファーニヴァルは、異なった複数のグループを包含した一つの政治的領域（オランダ領東インドや英領ビルマなど）を「社会」とみなし、こうした「社会」全体の「社会的需要」の欠如を指摘する。一方、ブーケは政治単位のなかの部分である資本主義的セクターと前資本主義的セクターをそれぞれ「社会」とみなし、とりわけ前資本主義的な農業社会における「社会的需要」が個人の利得動機による経済活動を埋没させている様を描いた。

ファーニヴァルの複合社会論については、人種・民族の異なった集団間の社会的・文化的断絶を固定化、強調してみるその枠組みが、のちに批判を受けるようになった。実際には、植民地空間のなかでの異人種、異文化の接触は、出版文化、音楽、演劇、衣服、建築などさまざまな分野での文化の混交をもたらさずにはおかなかった。こうした文化の混交や、流入思想のつまみ食い的摂取のなかから、東南アジア各地で新たな文化運動やナショナリズムがはぐくまれた歴史のダイナミズムが、ファーニヴァルの議論を前提にするとみえなくなるからである。

一方、インドネシアの農民の精神や村落に歴史をこえた不変の特性をみよう

▼**ベンジャミン・ヒギンズ**（一九一二〜二〇〇一）　ロンドンで生まれ、北米の大学で教鞭をとる。開発経済学者。主著『インドネシア経済の安定化と開発』。インドネシア、フィリピン、ラテンアメリカの経済発展にかんして研究した。

▼**D・H・ブルヘル**（一九〇〇〜没年不詳）　オランダの植民地官吏、学者。インドネシアの社会経済史研究で多くの論文を残す。

としたブーケにたいしても多くの疑義が寄せられた。近代経済学の立場からは、ヒギンズ▲が、ブーケのいう社会経済の二重構造は固定的なものではなく、前資本主義的な低開発部門に大規模な投資をおこなうことによって解消可能なものであると論じた。さらに東洋の農民に固有の行動様式であるとブーケが論じたものも、古今のヨーロッパの事例にみられるものばかりで、近代経済学の理論によっても説明可能であるとした。社会経済史のブルヘル▲も、ブーケのいう高度な資本主義セクターと前資本主義的な農村のあいだには、流通セクターに勢力をもつ中国人商人などのさまざまな過渡期的な存在があって農村・農民を世界市場に結びつけており、農村においてもゆっくりと資本主義的な進化が進んでいると論じた。

たしかに時間を超越したようなブーケの固定的な農民像、農村像はあまりにもリアリティを欠いている。しかしにもかかわらず、二重社会論の研究史上の意義は、大きかったといわざるをえない。東南アジアの農村地域におけるさまざまな非市場的な経済制度の存在、社会制度、慣習、そして農民の価値観とそれにもとづく行動に目を向けることが、東南アジア社会を対象とする経済学にとっても極めて重要であることを強く示唆したはじめての体系的な議論だったからである。

ギアツの農業インヴォルーション論

一九六三年に出版されたギアツ▲の『農業インヴォルーション』は、東南アジア農村の変化をめぐる議論に大きな一石を投じ、後続する研究者に少なからぬ影響を与えた。

ギアツは、この本のなかで、オランダ統治下のジャワを対象に、外部から重ね置かれた輸出向け農業にたいして、ジャワ農村は独特な対応を示したと論じた。自給的生産をおこなっていた農村に商品経済が持ち込まれると、一般的には商品作物生産に適応し高所得をあげ上昇する農民層と、貧困化が進み土地を失って無産化する農民層へと階層分解が進み、農地の流動性が生じると考えられる。

しかし一八三〇年から七〇年にかけて強制栽培制度と呼ばれたシステムのもとに、インドネシアの米作地帯の農村に商品作物であるサトウキビの栽培が強

▼**クリフォード・ギアツ**（一九二六〜二〇〇六）　アメリカの文化人類学者。諸シンボルの解釈によって文化を読み解く解釈人類学を提唱。インドネシアを事例にとった多くの著作を残し、政治・経済学の分野にまで多大な影響を与えた。『文化の解釈学』『ヌガラ――十九世紀バリの劇場国家』など著書多数。

ジャワの水田風景　灌漑水田とバナナ、ココヤシが見える。

▼インヴォルーション　インヴォルーション概念を、ギアツは人類学者A・ゴールデンワイザーから借用。意味するところは、一定の形態に達した文化パターンが新しいパターンへ移行することに失敗し、ひたすら内部を複雑化することによって発展しつづけようとすること。強制栽培制度下のジャワ農村理解のキーワードとした。

制的に割り当てられていったとき、ジャワの農村では、ギアツが「農業インヴォルーション」▲と呼んだ事態が進行したとする。すなわち既存の水田面積の何割かをサトウキビに割かざるをえなかった農村では、減少した水田に労働力を多投することによって自給作物である米の収穫量を落とさぬようにし、それによって生存を支えたというのである。商品経済の浸透によって従来の生産様式、技術が変化していくのではなく、既存の技術、生産様式のまま、労働の強化によってのみヨーロッパの浸透によってもたらされた変化や人口の増大を吸収したというのがその筋書きである。

ギアツの議論は、基本的にはブーケの二重経済論を踏襲しながら、そこに新しく生態学のアプローチを導入したものだった。「オランダ領東インド経済というものがそれ自身統合されたものとして存在したことはなかった。存在したのは、高度に自律的なオランダ経済のインド諸島における支部なのであり、それと隣接する自律的なインドネシア経済なのである。この二つの部門は絶えず接触しているが、この接触の過程で、ますます異なった道を進み、ついにはその構造的な対比が極度に達した」という認識はブーケと変わらない。

植付け用サトウキビの選定作業

しかしギアツは、こうした二重経済がパターン化されていく原因を、ブーケのように「変わらぬインドネシア農民の心性」に求めるのではなく、水田農業というジャワの生態学的な特色のうえに植民地政策が重ね置かれたという歴史的な条件に求めている。「ブーケがインドネシア人の経済生活の生得、かつ永遠の特質と呼んだ第一義的に精神的な現象は、じつは歴史的につくられた条件なのであって、東洋の魂の不変の本質などから生じたものではなく、植民地政策が、それ自身も決してはじめから定まっていたわけではないが、インドネシア農業に押しつけられたときに生じたものなのである」。

ギアツによれば、水田農業の生態環境からくる特性は、畑作とりわけ東南アジアで広くおこなわれていた焼畑と比較し、かぎられた圃場《ほじょう》に水管理を徹底し、高い生産性をあげる集約的農業だという点にある。土地利用が疎《そ》で土地生産性も低い焼畑に比して、ジャワで古くからいとなまれていた灌漑水田農業は、集約的な営農で高い生産性をあげ、多くの人口を支えうる。こうしたエコロジカルなパターンの上に植民地輸出農業が上置きされることにより、もともと水田農業のなかに潜在していたインヴォルーションの過程が全面的に展開し、パタ

▼**緑の革命**　一九六〇年代後半から米の高収量品種の栽培が東南アジアで広がった。単位面積当たり収量を飛躍的に増大させるものと期待され、緑の革命と呼ばれた。しかし施肥、灌漑、病虫害防除などを必要とするコストのかかる農業であり、稲作の生産面での商業化を促進した。

ーン化されたとする。

商品経済の浸透がもたらす変化は、かならずしも一様な近代化ではなく、その地域の自然生態条件に規定された従来の生産技術や社会階層関係、生産組織などを解体するとはかぎらず、むしろそれらを強化、固定化することもあるという指摘は、大きな反響を呼んだ。またこうした過程のなかで、ジャワの農村においては個別の農家がそれぞれの最大収益をめざして行動するのではなく、村の成員の生存を保障するため、労働機会と所得分配の平等化をめぐる「貧困の共有」慣行が発達したというギアツの指摘も注目された。

しかし、ギアツの議論にたいしても一九七〇年代より批判が高まる。一九六〇年代の終りから導入された高収量品種の導入にともなういわゆる「緑の革命▲」による稲作新技術の導入は、インヴォルーションや「貧困の共有」というテーゼからはかけ離れた農村の姿を現出させた。ジャワで伝統的にみられた稲刈りにだれでも参加できる共同収穫慣行がくずれ、賃労働が導入されるなど「貧困の共有」よりも個別農家の利得動機や効率性重視の風潮が広がってくる。

こうしたなかで、ジャワ各地で農村調査に従事したシアーハンや加納啓良のような研究者が、農村における明らかな階層分解の進行を指摘し、ギアツのいうインヴォルーションや「貧困の共有」のパターン化ということは、こうした実証研究によって否定されるようになる。「二重経済」は堅固不動のものではなく、外的条件の変化によってくずれるものであるとし、農業、農村の変化のプロセスを、矛盾をはらんだダイナミックな過程として把握する必要があるという加納の指摘は深くうなずける。

しかし、一九六〇年代の終りからの歴史過程がジャワの水田稲作地帯において、「インヴォルーション」とはおおいに相貌を異にしたということで、ギアツの方法論そのものがまったくくずれ去ることにはならない。ギアツが導入した生態学と歴史過程を視野におさめるアプローチや農村内部の文化パターンの解読という方法は、かたちを変えて日本をはじめとする世界の研究に大きな影響を与えつづけてきた。

スコットのモラルエコノミー論

東南アジアの農村理解をめぐって、ギアツについで大きな議論を巻き起こしたのが、一九七六年に出版されたスコット▲の『農民のモラルエコノミー——東南アジアにおける反乱と生存』だった。スコットがここで取り上げたのは、農民の価値意識の世界とそれにもとづく社会的・経済的行動であり、「安全第一」「危険回避」そして「生存倫理」というキータームを使って、植民地支配下にベトナムとビルマで生じた農民反乱を論じている。

　スコットによれば、さまざまな環境要因によって生存の危機に容易にさらされている農民にとって最大の関心事は、農業生産の不確実性から身を守り、生存を維持することである。小作料の支払いにおいて、農民が毎年一定額の小作料支払いを義務づけられる定額制よりも分益制度▲を好むのは、不作や凶作のとき、危険が地主と小作で分担されるからであり、彼らの行動原理である安全第一選好からきているとする。

　こうした農民の意識は、農村における人びとの社会関係を律する規範となる。すなわち、村のすべての成員の生存を最低限保障することが、立場、階層を問わず村人の共通の倫理規範となる。農村のなかに階層格差や「搾取」があったとしても、それ自体はかならずしも農民の不満の対象とはならず、富や力をも

▼J・C・スコット（一九三六〜　）　アメリカの政治学者。政治学、人類学、農業経済学を融合するアプローチを特徴とし、生存線上の農民の支配権力にたいする抵抗を主たるテーマとしている。他の主要著作は、『弱者の武器——農民的抵抗の日常形態』。

▼分益制度　小作料を小作地から収穫した作物の一定割合で地主に支払う制度。この支払い形態にもとづく小作慣行を分益小作、あるいは刈分け小作という。

つ者が、成員の最低限の生存維持という規範を踏みにじる場合に彼らの激しい憤激を引き起こすという。

植民地支配のもとに生きていた東南アジアの農民はこうした価値規範を保持しながら、しかし実際には商品経済の浸透、近代的国家による新しい徴税システムのもとで、伝統的な相互補助慣行が機能停止するような状況に直面していた。そして一九三〇年、世界恐慌▲によって農民の暮しが破壊されるさなか、税の減免にも応じなかった植民地国家にたいする憤激が、農民を反乱に駆り立てたとみる。

スコットにたいしてはポプキン▲『合理的農民——ベトナム農村のポリティカルエコノミー』の批判がある。ベトナム史上の農民反乱を題材に、資本主義浸透以前の農民もまた個人的利益の最大化を求めて行動する合理的存在であったと主張する。彼らが互酬的関係を取り結んだとしても、そこに期待される費用と便益を計算したうえで交渉し、行動していたと考えるのである。

このように新古典派的な個人主義的な経済主体というモデルの適用可能性を説く立場からの批判に加え、農民の経済行動にひそむ、内面化された文化パタ

▼世界恐慌　一九二九年十月二十四日にニューヨークの株式市場で株価が大暴落したことに端を発した世界規模の恐慌。輸出向け商品作物栽培に特化していた東南アジア農業は、商品価格の暴落により深刻な打撃を受けた。

▼サミュエル・ポプキン（一九四二〜）　アメリカの政治学者。東アジア、東南アジアの農民社会の研究において農民行動の合理性を指摘した。現在はアメリカ大統領選挙の分析に関心を移している。

▼**モラルエコノミー**　イギリスの社会史家、E・P・トムソンが、十八〜十九世紀の食糧暴動や機械打壊し運動の背景に、経済活動にも倫理規範を求める民衆の意識があることを指摘して、これをモラルエコノミーと呼んだのが最初の用法とされる。モラルエコノミーの用語はスコットの著作によって、広く注目をあびるようになった。

ーン、価値規範を読み解く必要に共感しながらも、スコットの立論が歴史資料の裏付けをどれだけ有しているかという点にかんするいくつかの疑問も提出された。白石昌也は、「そもそも農民のモラルエコノミー▲を体現する恒常的な伝統社会など存在したのであろうか」と疑問を投げかけ、植民地時代にもそれ以前にも、生存倫理を犯す諸要因が存在しており、それぞれの時代にそれぞれの問題があったと論じたほうがより説得力があるという。

以上の議論はいずれも、植民地時代の東南アジア社会を対象としている。そこには植民地支配によって資本主義経済システム、近代国民国家に倣った行政機構などが上置きされた結果、東南アジア社会がどのような変化をみせたかという共通の問題関心があった。東南アジア社会の発展のあり方の独自性をとらえようとするという視点において共通性があり、こうした視点から、その時代の通説においてはみえていなかった新しい東南アジア社会像を提示し、議論を巻き起こして研究の進化を促した。ヨーロッパ社会をモデルとした普遍的な発展道筋という図式の解体、学際的なアプローチ、農村の文化、農民の価値規範を読み解くことによって農民の社会経済行動をとらえるなど、それぞれ大きなインパクトをもった議論だったといえる。

しかし、歴史の経過は、ブーケの固定的な東洋農村像や、ギアツの農業インヴォルーション論が時代をこえた妥当性はもたないことをよく示している。それぞれの理論は、いずれも当時の通説や先入見を否定し、斬新な東南アジア理解を提示しながら、自らの新しい枠組みのなかに東南アジア社会を固定し、特徴づけていた。こうした方法は、時の試練にはよくたえないのではないだろうか。内に絶えず変化の契機をはらみつつ動いている社会をとらえるという課題には、十分に届かなかったのである。

翻って日本の東南アジア農村研究はどのような成果を生み出したのだろう。一九六〇年代初頭にあいついで設立された二つの研究センターが、現地調査を土台にした研究成果を蓄積してきた。政府関係特殊法人として組織されたアジア経済研究所と、一九六五年に地域研究センターとして発足した京都大学東南アジア研究センターである。

アジア経済研究所は、途上国研究の方法として地域研究を最初に掲げた研究

▼**屋敷地共住集団**　タイでは、子どもが結婚したのち一定期間、親世帯の屋敷地内に居住し、親世帯とのあいだに共同耕作や共同消費がみられることに注目し、水野浩一が提唱した概念。タイ社会における個人あるいは核家族の優越説に反省を迫った。図は、子ども夫婦が親世帯の屋敷地内に建てた家。農作業などで協力している(上ビルマ)。

機関とみなされる。現地体験、現地語、現地調査を重視し、アジア・アフリカ地域に根ざした社会科学の樹立をめざした。ここから生まれた共同研究や、個別のモノグラフの蓄積は、日本農村との比較において、東南アジアの土地制度、協同組合、農民組織、農業技術革新、灌漑水利などの特質を明らかにしていった。政治経済学的な視点を特色とし、社会経済開発にまつわる制度論を得意としてきた。

京都大学の東南アジア研究センターは、社会科学と理学のあいだの垣根をはらい、当初から学際的な地域総合研究を志向していた。ギアツは『農業インヴォルーション』のなかで、自然生態条件を踏まえた歴史過程の把握、農村内部の文化パターンの解読という方法を試みたが、東南アジア研究センターは、農学、農業工学、地勢学、人類学、政治学、経済学などの専門家をそろえることで、こうした方向をより大規模に、緻密に展開したといえよう。本書ではあつかえなかったが、センターからは東北タイの農村社会の形成史や相続慣行をめぐって議論を巻き起こした水野浩一の「屋敷地共住集団▲」のような斬新な概念も生まれている。

②—植民地時代以前の東南アジアの村落

小人口の世界

東南アジアは歴史的に長いあいだ小人口の世界だった。一六〇〇年ころの東南アジアの総人口は、二〇八〇万人程度、人口密度は一平方キロ当たり大陸部で六人、島嶼《とうしょ》部で四人程度と推計されており、当時のインドや中国の人口密度の、六〜七分の一程度の低さだったと考えられる。その少ない人口のうち少なからぬ部分が、河口に開けた交易センターである港市《こうし》▲、あるいは北ベトナムの紅河デルタ、ジャワ島中部、バリ島、ルソン島のパンパンガ、ビルマの内陸中央部など、早くから定着水田耕作がおこなわれていた平地部水田地帯に集中していた。そのほかの地域は、広大な熱帯林、亜熱帯林におおわれ、まばらな人口が山間丘陵斜面の焼畑移動耕作、あるいは森林物産の採取に従事していた。

十七世紀、十八世紀の二〇〇年間も、東南アジアの全体としての人口の増加率はわずかだったと考えられる。東南アジア世界で人口がはっきりと右肩上りの増加傾向を示すのは、いずれの地域でも植民地統治下にはいってからのこと

▼**港市**　物資の集散地であり、交易の拠点である港に発達した都市。古代から東西交易の要衝であった東南アジアでは、沿海の港市に富と権力が集まり、そのうち有力なものは港市国家へと発展した。

人口密度の推移

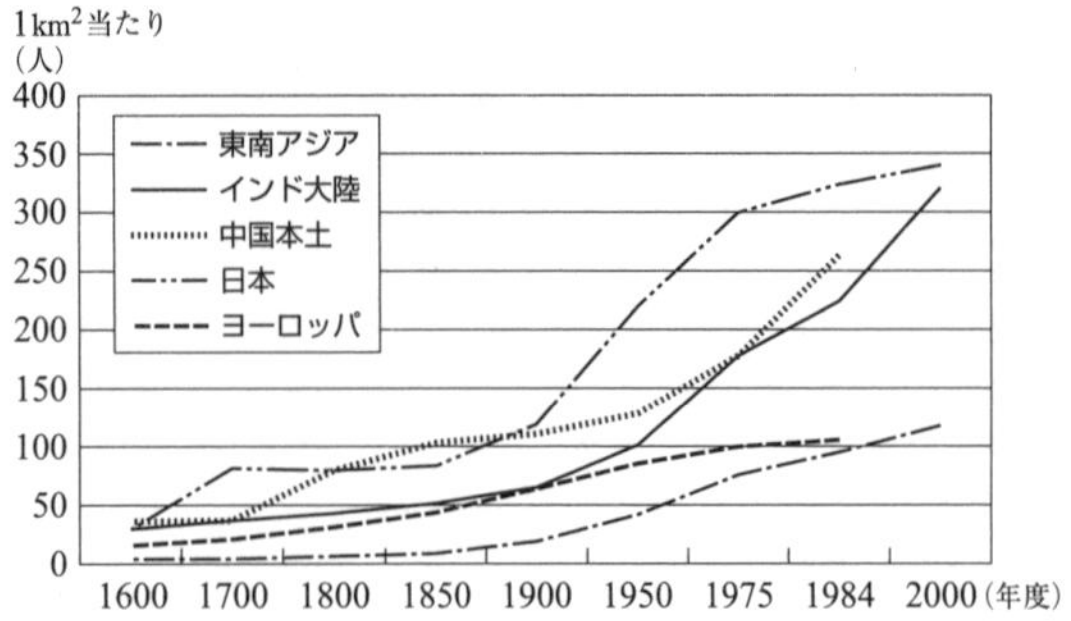

だった。フィリピンでは一七三五年以降、スペイン統治下で出産率の増加がみられ、ジャワでは十八世紀の中葉以降に人口が増加する。大陸部でも植民地支配がおよんでくる十九世紀後半以降人口カーブが右上りとなる。フィリピンではキリスト教の布教と定住促進が従来比較的低かった出産率を押し上げ、また植民地統治の確立はいずれの地域でも王国間の戦争を押さえて戦火による荒廃を減少させ、あるいは輸出産品開発にともなう開拓の進展と定住によって人口の増加をもたらしたと考えられる。二十世紀の初頭になると東南アジアの人口密度は一平方キロ当たり二〇人に達し、総人口は八三〇〇万人を数えるようになった。

　小人口世界であると同時に、東南アジアは人口の流動性の高さによっても、特色づけられる。山間部で長く続けられてきた長期にわたる休閑期間をもつ焼畑移動耕作だけでなく、定着性の高い水田農耕においても、山間盆地、谷底平野、扇状地における稲作地で人口がしだいに増加してくると、食糧に比して過剰となった人口は、絶えず新しい適地を求めて移動していった。人口に比して広大な未墾の荒蕪地《こうぶち》を擁していた東南アジアでは、こうした移動にともなって開拓空間が広がっていくというパターンが、長らく農業空間の発展の基本的なかたちだった。このような小人口であり、流動性に富んだ前近代の東南アジア世界で、では人びとの暮らした居住空間である村、集落はどのようなものだったのだろう。

東南アジア村落像の見直し

これまでは、農業、農民、農村という言葉を吟味せず、そのまま使ってきた。しかし東南アジアで農業、農民、農村という言葉が使われはじめ、他の産業と区別される農業、あるいは他の経済生活をいとなむ人びとと区別される農民という概念が意味をもつようになったのは、植民地時代以降のことだと思われる。ビルマではイギリス統治下で、一八七二年以降、一〇年ごとにおこなわれるようになったセンサス（国勢調査）ではじめて農業《アグリカルチュア》や農業《アグリカルチュリスト》者という言葉が使用されるようになった。それ以前のビルマ語では、タウン・ドゥー（山の人、高地斜面の移動耕作者）や、レー・ダマー、レー・ロウッ（水田の人、水田で働く人）という言葉はあったが、農業を生業とする人びとを一つのまとまったカテゴリーとして呼ぶ言葉はみあたらない。

また、田舎、集落を指す言葉はあっても農村という言葉もなかった。村を住民の生業の種類によって区別して呼ぶことが、実態にそぐわないことだったのだろう。マレー語を母体とするマレーシア語やインドネシア語では、農民をプタニと呼ぶが、この言葉はサンスクリット起源で、広く村人、田舎、耕地などを意味したという。ジャワでも十九世紀初めまでは、農業にあたる言葉はみあたらない。

そこで、植民地時代以前の東南アジアを考えるこの章では、農村という言葉を避けて、村落あるいは集落という言葉を使っている。集落は数家族からなる小規模な居住空間を指し、村落にはやや規模が大きい社会的単位という意味を込めている。

過去に、植民地時代以前の東南アジアの「伝統的村落」の典型として、ブーケをはじめとする多くの東南アジア研究者が、農業を主とした自給的経済をいとなみ、同質的で調和に満ち、変化に乏しい村落像を描いてきた。しかしそこには大きな問題があった。というのは、植民地時代以前の東南アジアの村にまつわる資料は、おそらくベトナムを唯一の例外として極めて乏しく、植民地支配が始まったのちに到来した行政官や学者たちが、そこで彼らが眼にした現地村落の姿から、あるいは初期の植民地官吏のレポートから過去を類推して、東南アジアの「伝統的村落」像をつくりあげてきたからである。

こうした状況をゆるがす議論が活発になされるようになったのは、一九八〇年代になってのことだった。インドネシア、ジャワの行政村落（デサ）を対象に、ブレーマン▲や、ホルトザッペルは、従来「伝統的村落」の一つの典型として考えられてきたデサは、じつは宗主国がつくりだしたものだと論じた。

ブレーマンの主張は、⑴オランダ支配を受ける前のジャワの村と考えられるものは、一つの領域をもったまとまりというにはほど遠い、⑵住人も居住地にたいしては二次的なメンバーにすぎず、人びとの基本的な社会関係は、社会のあらゆるレベルに張りめぐらされた有力者とその庇護を受けつつ労働を提供する人というパトロン―クライアント関係▲であった、⑶一人の村長が統治する領域的なまとまりをもつ村落を創出したのは、ジャワを短期間統治したイギリスの村落概念を踏襲したオランダである、⑷こうした村落を創出した目的は、オ

▼ヤン・ブレーマン（一九三六〜　）
オランダの社会学者。インドネシアやインドを対象に研究。

▼パトロン―クライアント関係
より高い社会的地位や経済力をもつ者と、より低い地位の者のあいだで取り結ばれる持続的な相互依存関係。パトロンは保護や便益を与え、クライアントは労働奉仕や忠誠を提供する。東南アジア社会理解のための一つのキータームとして使用されることが多い。

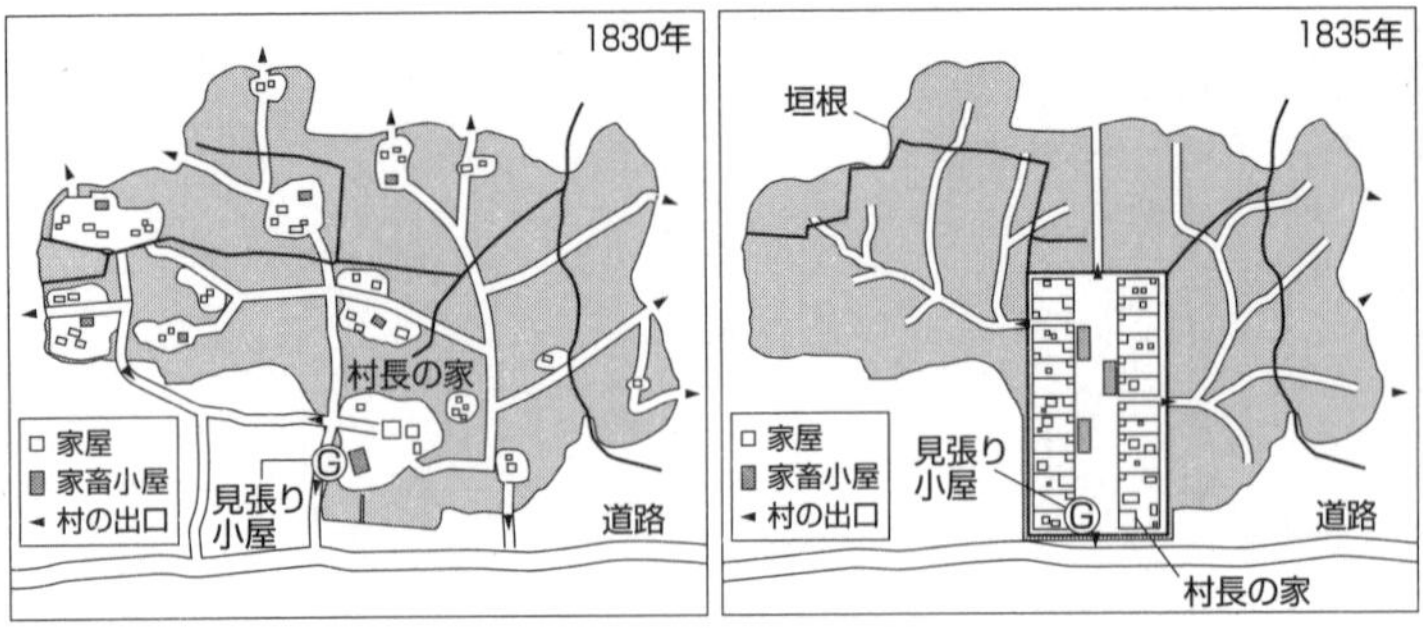

強制栽培時代の村落再編例（ジャワ）

ランダ政庁が輸出用作物栽培を強制し、最大の財政収入をあげるためだった、というものだった。

この議論は、ジャワのデサと呼ばれる村落を対象にしたものだったが、他の東南アジア地域の村落社会研究にも反響を呼んだ。ほとんどの東南アジア地域で、植民地支配が開始されたのちの記録をもとにして、過去の村落の姿がイメージされてきたからである。

ブレーマンにたいし、過去の「伝統的村落」像の解体には賛意を示しながら、宗主国が創造した村落共同体という考え方に強く反駁《はんばく》する人びともいる。オランダ支配の以前から、ジャワの村落は十分に共同体としてみなされるという立場である。

しかし、村落（village）あるいは共同体（community）という言葉を使っていても、論者によって微妙にその意味がずれているようである。村落共同体が存在したか否かという議論は、一定場所への長期の定着を前提としたヨーロッパや日本における村概念、共同体概念をその基礎としがちであり、東南アジアそれぞれの地域に存在していた村のあり方とずれてしまう。

▼ピエール・グールー（一九〇〇〜九九）　フランスの人文地理学者。主要著書は『トンキンデルタの農民』。フランス領インドシナから始まり、アフリカ、中南米を対象に広く第三世界を研究した。

上ビルマ、ミンブー地方の灌漑用水路

さきにみたように移動性の高い東南アジア世界では、同じ場所に定着した、かつ制度的に強固で永続的な村落が大勢であったとは考えにくい。安定的な水田耕作がおこなわれ人口密度もそれなりに高く、王朝国家が強力で地方社会の住民にたいして強い請求をおこなっていたようなところ、例えばベトナム北部のトンキンデルタや、中部ビルマの半乾燥地帯における灌漑稲作地帯が、おそらくもっとも定着性の高い地域だったと思われる。

十七〜十八世紀の北ベトナムの村は、高度な自治を備えた共同体だった。グールー▲によれば、北ベトナムの村落は垣根をめぐらし、はっきりした境界をもっており、皇帝の権力も村落の垣根のなかにはむやみにはいっていかなかったとされる。国家は、村落単位に税や徭役《ようえき》を課すのだが、村内でそれがどのように分担されるかについては、関心をはらわなかった。しかし、こうした自律的な村落が形成された北ベトナムの紅河デルタにおいても、十七世紀から十八世紀にかけて、低湿地にまでおよぶ過剰開発の結果、農業生産が不安定化し、たびたびの飢饉におそわれ人口を支えることができなくなる。十八世紀から十九世紀にかけては、紅河デルタでは住民が流亡した結果、廃村となる村が続出し

▼**コンバウン朝**（一七五二〜一八八五年）　ビルマ最後の王朝。創始者はアラウンパヤー。第十一代ティーボー王のとき、第三次英緬戦争に最終的に敗北し、滅亡。

▼**イギリス東インド会社**　一六〇〇年、エリザベス一世の特許状をえて設立された。当初はヨーロッパの銀地金を輸出し、インド綿、中国茶などアジア物産を輸入する一大商事会社だったが、十八世紀後半からは領土支配に転進して植民地からの収奪を強める。一八五八年解散。

た。土地を離れた住民は、一部は有力者のもとで小作、労働者として生き、一部は匪賊《ひぞく》化し、あるいはより安定的な土地を求めて南下していった。

ビルマ最後の王朝、コンバウン朝▲の中心域であった内陸上ビルマの村落もまた、特定の場所に結びつけられている度合いが高かった。サバンナ気候の半乾燥地帯に属するこの地域は、河川や溜池による人工灌漑が発達し、灌漑稲作が農業の基盤をなしていたからである。しかし、ここでも村落の荒廃の頻度は高く、十八世紀の終りと十九世紀の初頭にかけて二度、エヤーワディ川を遡って王都をたずねたイギリス東インド会社▲のマイケル・サイムズは、「沿岸の村々のいくつかは忽然と姿を消しており、一方まったく新しい村が出現している」と書いている。村は戦火、飢饉、火災、疾病、あるいは首長の横暴・圧政による住民の逃散などの原因でしばしば崩壊し、あるいは移動した。

定着性がもっとも高かったと推定される低平地の稲作地帯でも、北ベトナム、上ビルマの例にみたように村落はしばしば不安定な状況に陥り、人口の流動がみられたが、他の過疎空間では人びとの土地利用はより粗放的でありしばしば移動をともなっていた。集落もまた移動、興廃を繰り返していたと考えられる。

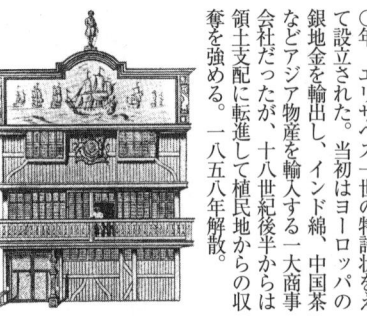

▼**折畳み写本**　手漉き厚紙を手風琴(アコーディオン)のように折り畳んだ長方形の筆写媒体。ビルマ、タイ、ラオスなどに残る。内容の多くは写経であるが、物価、借金証文など人びとの暮しにまつわる記録も含み、近世の社会経済史資料として重要。

十八〜十九世紀の村落社会——上ビルマの例

王朝時代十八〜十九世紀の村落について、上ビルマの例を少し詳しくみてみよう。なぜなら、ビルマにおいて近年、村落の生活の断片を村人自身が記録した文書が各地の僧院や旧家から大量に発見され、当時の記録にもとづいて集落の姿を再構成することが可能になってきたからである。東南アジアの前近代社会では、文字を使って記録を残すような人びとは社会の上層のかぎられた少数者だろうと長らく考えられてきたが、じつは、庶民階層にまで広く使用された筆写媒体が存在した。折畳み写本▲(パラバイッ)といわれるものだ。

このパラバイッが、王朝時代のビルマの村落を考えるうえで、極めて貴重な情報を提供してくれる。こうした手書き文書の記録をつないで、十八〜十九世紀、王朝期のビルマ村落を再構成してみよう。

村を建設する場合、最初にその中心地点におかれるのが、村の中心となる創設者や首長の居宅だった。長の居宅は防犯、調停、税や徭役の分担など人びとの生活に深くかかわる諸事を決める場所だからである。村の長は、現在と同じ

折畳み写本（パラバイッ）**を開いたところ**

オオギヤシ　サトウヤシともいう。

村長《ユワダギー》という言葉で呼ばれることもあったが、地方によってじつにさまざまな名称で呼ばれている。村の指導層が異なった名称で呼ばれる複数の長老からなることもある。人びとの家は、長の家をかこむように思い思いに建てられていき、その結果、村のかたちは円形や楕円形になることが多かった。

同様に優先的に場所を割り当てられるのが村の僧院である。村の東側、あるいは小高い場所が僧院を建てるのにふさわしい場所と考えられた。たとえ村の創設と同時に僧院を建てる余裕がなくても、将来の僧院の場所が確保された。

人びとの家は簡単な木材、竹で建てられ壁は編み竹の茣蓙《ござ》でつくられた。土間式の家もあったが、多くは地上一〜二メートル程度の高床式であり、床下には家禽《かきん》や豚が飼われ、あるいは織機がおかれることもある。屋根は、オオギヤシやフタバガキの葉を束ねたもの、あるいはテッケーと呼ばれる萱《かや》の一種で葺《ふ》かれていた。こうした身近な材料を用いた高床式の簡素な住居はビルマのみならず、東南アジア全域で一般的にみられるものだった。

人びとの住居が簡素であるのにたいして、僧院には木材やレンガが使用されて、可能なかぎり立派なものをつくるのが慣わしだった。旅人が村に近づくと

村の僧院（ビルマ、シュエボー、一九八五年）

まず目に飛び込んでくるのは僧院の姿だったといわれる。

上ビルマでも、村は分厚い茨《いばら》やサボテンの垣根でかこわれていた。村に入る門の数は通常二カ所で、村の中央に、あるいは円形の村では、村を周回する道が一本引かれたほかは、迷路のような小道が入り組み、家々もばらばらに建てられている。よそ者、危険人物が村のなかで容易に活動できなくするための防犯上の工夫だったと考えられる。さらに村の入り口には、見張り小屋が建てられ住民男子が交代で夜警をしていたことを示す資料もある。

村の垣根がめぐらされているのは、じつは住民の家が立ち並ぶ居住地域の周りだけである。この垣根の外には、僧院をはじめとして池、墓地、宿坊、雑木林、耕地、荒蕪地などが広がっている。居住地域にかんしては、村の境界ははっきりしているが、こうした周辺地域に広がる土地を含めた村の領域となると、極めてあいまいな状況だった。

折畳み写本のなかには、村落の境界争いを伝えているものが複数ある。一八四〇年と四八年に起きたザガイン地方の村の境界をめぐる争いでは、オオギヤシの林や、川の漁場が、どちらの村に所属するかが裁判で争われている。椰子葉の伐採と、魚獲《と》りをめぐってそれぞれの地点で事件が発生、小競り合いがあって、それらの場所の帰属をめぐって長期にわたる裁判にもつれ込んでいる。

　裁判において、それぞれの村長は自説を展開し、十九世紀の初頭に作成されたシッターン▲と呼ばれる王朝時代の地方社会の調書が取り出され、照合されもする。しかし、このシッターンに記されている村の領域は、決して線で区切られた一定面積をもつものとして表現されているわけではない。「わが村は、東に行けば、蛇行する川の岸の柳の木まで、南に行けば塩焼きの丘まで」などと自然物やパゴダ▲などを目印に、東西南北、四方八方の境界点が記されているだけである。

　二つの裁判でも、照合されたシッターンによっては、争いの焦点となった特定地点の帰属が決定できない。シッターンを照合するという手続きが、正当な裁判のプロセスとして重要なのである。二つの裁判では、期せずして同じような判決がでている。それは、係争の場となった椰子林、漁場を半分ずつに折半して両方の村に所属させるというものだ。椰子林をめぐる争いでは、両村がこの判決を受け入れることを表明したのち、新たに確定された境界線を、村の長

▼シッターン　ビルマ歴代の王がおこなった地方社会調査。地方社会の統治者に、統治の系譜、境界、域内の産業と税負担、世帯数、寺領地や食邑(しょくゆう)の有無などを報告させたもの。

▼パゴダ　仏塔。仏舎利(ぶっしゃり)塔。ヨーロッパ人が仏塔をこの名で呼んだ。タイではプラ・プラーン、ビルマではパヤーあるいはゼーティと呼ばれる。東南アジアの仏塔は、インドからスリランカ経由で伝播したもので、黄金色に輝くものが多い。写真はヤンゴンのシュエダゴン・パゴダ。

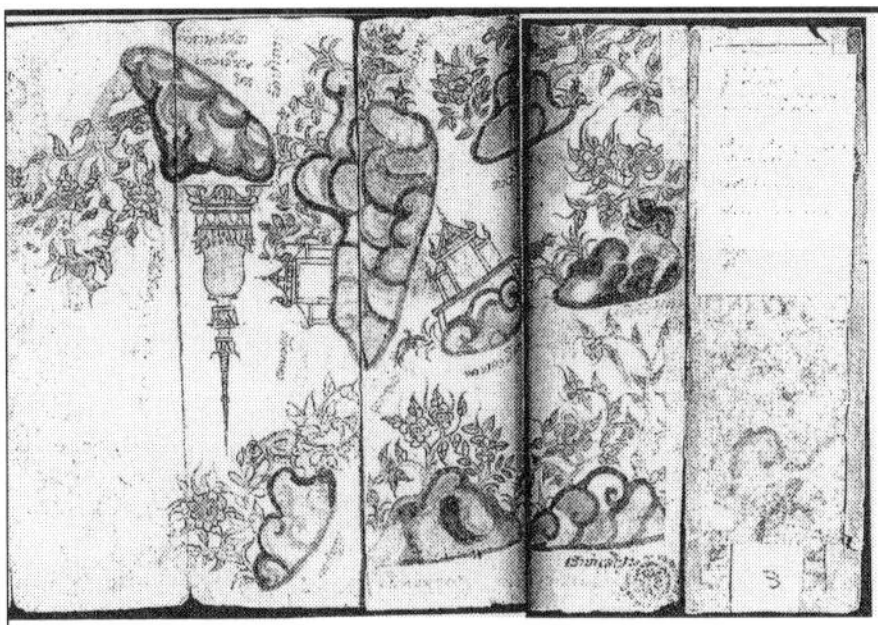

●**タイの古地図**　南タイ、ソンクラー（十七世紀）。

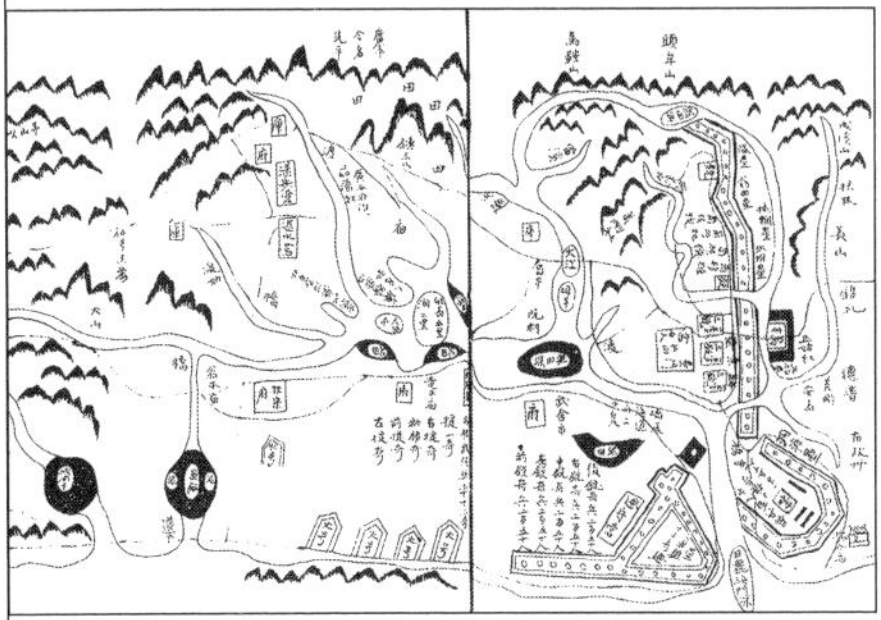

●**ベトナムの古地図**　クイニン（一六九〇年）。

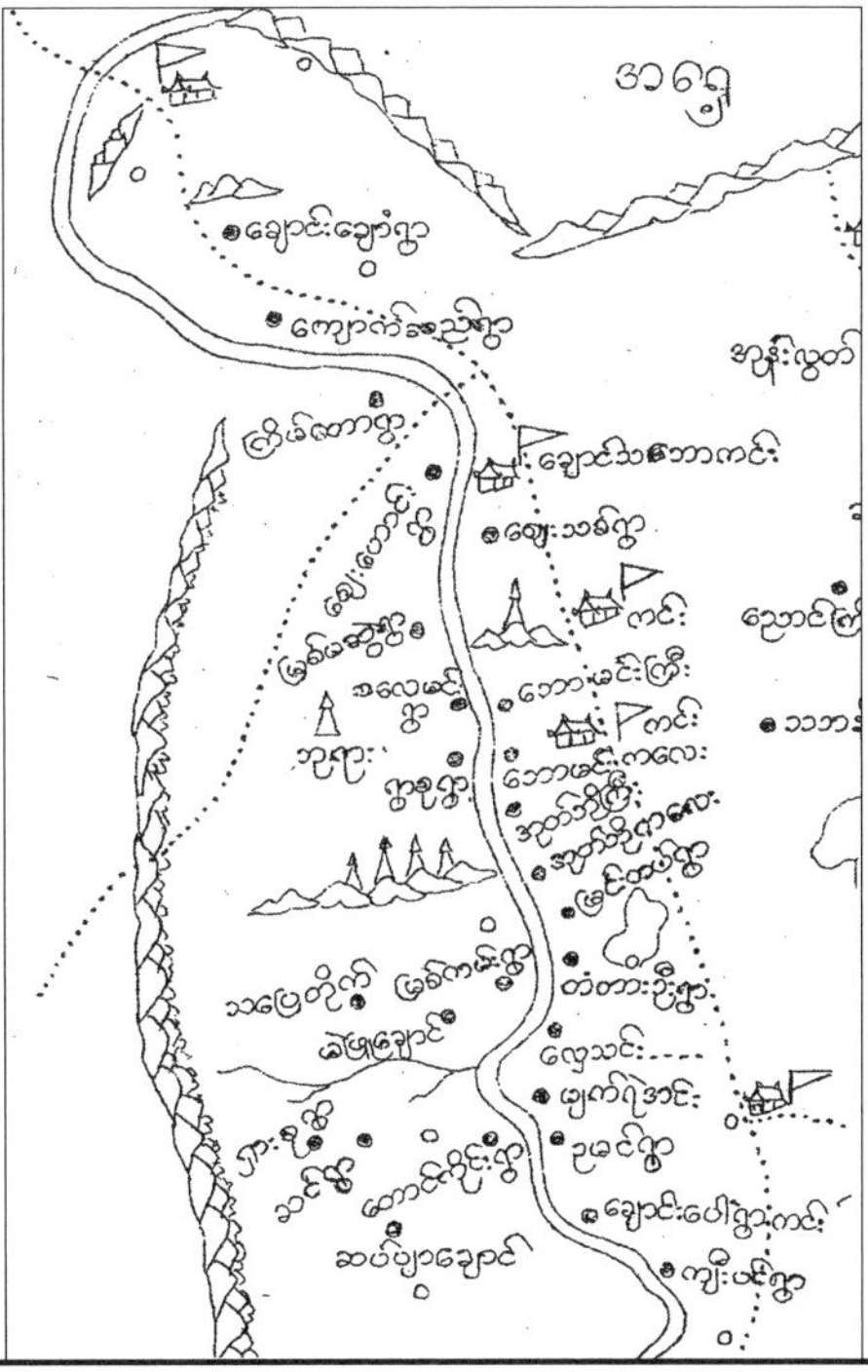

●**ビルマの古地図**　マダヤー（十九世紀初頭）。黒丸は村。

上ビルマ農村の垣根と見張り小屋

老、裁判関係者、その他大勢が着飾って行列をなして行進するというイベントで調停の最後が飾られている。音楽や踊り、そして饗応をともなう祭りのような一大行事であったようすが記録されている。

この事例をもって、前近代の東南アジアの村に一般化することはできないが、これらの境界紛争は、植民地支配によって村落制度が改編される前のビルマの村の領域的まとまりがどのようなものだったかをよく示している。居住地域をこえた周辺の耕地や池、墓地などを含めた村の地理的境界は、日常的には当時の人びとに意識されていなかったことが確認できる。村長をはじめとする村のおもだった人びとによっても、村ははっきりとした境界をもつ地理的なまとまりとしては把握されておらず、さらに中央王権の指示によって作成された調書、シッターンという公式記録においても村落の境界は、線としては描かれず、いくつかの地点が境界標識として記録されているだけだ。

しかし、他村の人びとの特定の行動が、自分の村の領域侵犯として認識されているところから、人びとに村の境界の意識がなかったわけではない。椰子林をめぐる争いでは、係争の調停をつうじて新たに境界が画定されたわけだが、

モスク（アチェ、一八八〇年代）

その境界画定の方法は、測量して地図を作成するような近代的技法とは異なって、多くの関係者が境界とされた道を実際に歩くことによって身体的記憶としてとどめるというやり方だった。当事者たちだけでなく、周辺の村々からも老若男女多数が行列のあとをついて歩き、また隣村の一つが参加者への饗応を受け持ったりしている。こうして近隣の多数の目撃者にも境界の記憶が共有されることになって、境界の社会的認知が成立している。しかしこの境界は、あくまでも紛争当事者となった村と村のあいだの境界であり、それぞれの村の領域を完成させるものではなかった。

一時的な居住地あるいはコミュニティ？

島嶼部のなかでは、古くから稲作をいとなんできたジャワの村落もまた、比較的土地への結びつきが強かったと考えられる。しかしさきにみたようにブレーマンらは、植民地以前のジャワの村は、地理的なまとまり、すなわち明確な境界で区切られた領域はもっていなかったと考えている。さらにブレーマンは、村に住む人びとの心理的な凝集性、すなわち村という社会単位への帰属意識も第二次的であったとする。つまり、空間的にも、心理的にも凝集性を欠いたたんなる居住地としての意味しか村落はもっていなかったという主張である。マレー半島におけるマレー人▲の世界でも、集落の境界は漠然としており、土地に根ざした共同体としての意識は希薄であったとされる。しかし上ビルマの村が、村の僧院をもつことにこだわりをもったように、イスラーム化したマレー世界でも、集落あるいは地域のモスクが存在し、ここに集って礼拝するということで、地域や集落の共同性が意識されたと考えられる。

同じ土地に長期にわたって定着し、水や里山《さとやま》▲などを共同利用するための内的な規制が発達した日本の集落のような集団的凝集性は、東南アジアの村には総じて希薄だった。それにかわって重要な意味をもっていた社会関係は、「親しさ」という言葉であらわされるような対人関係における二者関係、および、権威や富をもつ有力者とその下位にある者のあいだに取り結ばれる垂直的なパトロン—クライアント関係だったと考えられる。こうした二者関係は、村の内にはとどまらず、しばしば村をこえて取り結ばれていた。

上ビルマの村にもどってその成員をのぞいてみると、親族集団を中心とする

▼マレー人　マレー半島、スマトラ東岸やその周辺の島々に主として居住する民族で、マライ人とも呼ばれる。マレー語を話す。マレー・ポリネシア語族に属する。歴史的には、航海術に優れた人びととして知られている。

▼里山　人里に接した山。薪炭、建材、肥料の採取地として人びとの生活に深くかかわってきた。近世日本の村落では、しばしば村単位の利用と管理がおこなわれ、利用をめぐる規則慣行が発達した。

世帯や、社会的身分の同質なものが集住していることが多かった。社会的身分というのは、王権にたいして世襲的に一定のサービスを義務づけられたアフムダーン▲という階層と、原則的に生産物の十分の一を、税として王権におさめる以外には特定の徭役を課されていないアティー▲と呼ばれる階層である。そのほかに、有力なパゴダや僧院に寄進されたパゴダ奴隷と呼ばれた階層と、債務によって債権者のもとで労働に従事する債務奴隷も存在した。債務奴隷は債権者の居住地に住み、債務を返済すればふたたび自由の身となる。宗教施設に寄進されたパゴダ奴隷は、贖身《しょくしん》できず代々奴隷身分におかれ、その居住地は別個の集落をなしていた。

　アフムダーンもアティーも通常は、土地を相手に耕種農業をいとなんでいる者がもっとも多かったが、村の成員のあいだでも、一つの世帯のなかでも生業の種類は多種多様であった。世帯は東南アジアの他の地域でももっとも一般的にみられる単婚小家族であり、農業もいとなめば、織布、漁労、狩猟、採集、椰子糖の製造、食用油の搾油《さくゆ》、牧畜、製塩など、手段と機会に応じてさまざまな経済活動に従事していた。アティーとアフムダーンが同じ村のなかに混住し

▼アフムダーン　ビルマ王朝社会における二つの主要身分のうち、王にたいする一定の徭役、サービスを世襲的に義務づけられている階層。男子は父親の、女子は母親の職務を継承し、その代価に土地が下付された。

▼アティー　自由民、平民。原則として王権にたいしては十分の一税を負担するのみ。しかし、戦争や公共土木事業などにさいしては、男子が徴用された。

王朝時代以来の壺作りの村（ヌワテイン）

ている場合もあったが、アフムダーンの多くは、その職務組織に与えられた土地において集落をつくって居住することが多かった。その結果、騎馬隊の村、象部隊の村、船大工の村、壺作りの村など、同じ職務の人間からなる村が多くみられ、こうした名前が各地に残ることになった。

　土地は、ビルマではダマウーギャ▲、タイではチャップチョーン▲と呼ばれた慣行により、だれでも無主地を自由に占有し、耕作することが認められていた。天水田《てんすいでん》▲地帯では耕作の放棄、移動もまれではなかったが、上ビルマの灌漑地域では灌漑水田は、もっとも重要な生産手段であり、重要な資産として大切にされていた。十九世紀に大量に書かれている灌漑水田の質入証書は、灌漑水田の経済的価値と同時に、階層を問わず貨幣使用が生活に浸透していたことを示している。また開墾し、耕作を続けている者には、その土地の利用のみならず、処分の権利もあったことが、頻繁な土地の質入、そして売却の事例からわかる。

　人びとの経済、生業は、自給的性格が強いが、自給的現物経済でおおわれていたわけではない。東南アジアの全域にわたり貨幣の使用は古くから認められ、また十八〜十九世紀には、中国商人の渡来による商品作物の栽培も始まってい

▼ダマウーギャ　言葉の意味は「刀を最初に振るう」ということ。だれでも無主地の開墾をおこなうことができ、三世代耕作を続ければ、その土地は私有地とみなされるという慣行。

▼チャップチョーン　「つかみ、予約する」という意味。所有者のいない土地を開墾し、耕作し、その後登記によって所有権を取得する行為を指す。

▼天水田　人工灌漑によらず雨水にのみ依拠した水田。降雨量豊富な三大デルタは、いずれも一期作の天水田地帯だった。一方、山間盆地、ビルマ内陸平乾燥地域、ジャワ島などでは灌漑田が古くから発達していた。

た。十九世紀前半、上ビルマでは、中国商人は代理人あるいは村長をつうじて現金を農民に渡し、綿花の作付けをおこなわせ、収穫を買い取ってこれをはるばる中国へと輸出していた。十九世紀前半のタイにおけるサトウキビ栽培の広範な広がりと輸出も潮州《ちょうしゅう》系華人▲が主導したものである。十八世紀の末ころから急速にふえる借金証文が語るように、もはや庶民の生活も自給現物経済というにはほど遠く、自給的生産と交換経済の双方が人びとの暮しを支えていたのである。

植民地支配以前の東南アジアの村落にかんする研究はまだ手薄な状態にある。しかし、近世までの東南アジア村落を、パトロン—クライアント関係と、親しさであらわされる二者関係のネットワークのみが意味をもつ、いくつかの世帯の集住空間にすぎないと考えるのは、行過ぎだろう。上ビルマ灌漑地帯の村落のように、あるいは北ベトナムの村落のように、居住空間をかこむ垣根が象徴的に村落の凝集性を示している場合もあり、中心的なリーダーの居宅が、労働力の動員、税負担割当て、村の揉め事の仲裁などの場を提供していることもある。マレー半島におけるモスクの存在や上ビルマにおける僧院の存在など、宗

▼潮州系華人　中国、広東省東部に位置する潮州は、歴史的に多くの海外移住者を輩出している。最大の移住先がタイで、一七六七年、トンブリ朝を建てたタークシンも潮州系華人として知られている。彼の時代以降、大量の潮州人がタイに流入し、経済分野を中心に勢力を築いた。

教施設が村落のアイデンティティの拠り所を提供していたこともあったろう。東南アジアの村落は、その移動性の高さにもかかわらず、住民にとってたんなる居住地をこえたコミュニティであったと考えるのが自然である。

また、村落の性格や組織原理は、住民がいとなむ産業の種類で分けられるようなものではなかった。王権にたいする貢租、徭役負担の種類によって村が組織されている上ビルマのような場合もあり、食糧不足、戦火による荒廃などによって、古い村を捨て有力なリーダーのもとに、まったく新しい土地に村を開く必要が生じることもあった。こうしたリーダーは必要に応じてより上級者、ときには王権からの認証を受け、その保護を受けると同時に徭役や貢租を供給する責を負った。人びとの生業は単一の経済活動に特化しているのではなく、環境が提供する機会に応じて多様なかたちをとり、焼畑であれ、低地の水田地帯であれ、世帯の成員が耕作、漁猟、採集、織物など、暮しを支える多様な営みを展開していた。

▼オランダ東インド会社　一六〇二年に設立された世界最初の株式会社。バタヴィア(現ジャカルタ)に根拠地をおき、アジア貿易で巨利をあげた。政府から条約締結、戦争遂行、貨幣鋳造など、あたかも独立国家のような強大な権限を与えられた。ジャワの大部分を直轄領とした。一七九八年解散。

③—輸出向け農業と農村

植民地支配下の変化

東南アジアにおいてヨーロッパ勢力による領域支配が急速に進展したのは十九世紀後半以降のことだった。一八〇〇年の時点では、島嶼《とうしょ》部の一部、すなわちジャワ北部がオランダ東インド会社▲に支配され、フィリピン諸島の中部と北部にスペインの領土支配がおよんでいたほか、若干の沿海の飛び地がヨーロッパの支配下におかれていたにすぎない。しかし、十九世紀後半から二十世紀の初頭にかけて展開した植民地争奪戦の結果、シャム王国(タイ)を残して東南アジア全域が欧米列強の植民地支配下に組み入れられてしまった。初期植民地国家と十九世紀後半以降の後期植民地国家の開発政策は、重商主義的な手法と、経済自由主義を基調とする政策に分かれるが、東南アジアを世界市場に向けた一次産品生産基地として開発するという基本的な方向では変わりがない。

東南アジアに、世界市場向けの一次産品生産基地という新しい役割が付与されたことは、この地域の自然・景観、社会、経済、そして人びとの暮らしを加速する変化のなかに投げ込んだ。すでに十八〜十九世紀の王朝時代に経済の商品化、行政の中央集権化など近代に向けた変化がみられていたが、植民地時代にはより広くより深く変化が進んでいく。こうした動きを担ったのは、植民地政庁の政策や資本、技術、経営ノウハウを持ち込んだヨーロッパ人プランター・企業家だけではなく、商品作物生産の収益性に極めて敏感に反応し、適応していった多くの東南アジアの人びとでもあった。さらに彼らの活動を、農民金融、生産物の販売、消費物資の供給をとおして市場につなげた中国人、インド人の役割も無視できない。

景観・自然環境のうえでは、大陸部の三つの大河川、メコン、チャオプラヤー、エヤーワディの下流に広がるデルタが上流部から海にいたる河口まで、一面の水田地帯に変わっていった。島嶼部においては、従来小人口世界であった多くの地域で、単一商品作物を栽培する大規模なエステート▲やプランテーション経営▲が出現する。大陸部でも島嶼部でも低平地の土地利用が急速に拡大する。

こうした新しく開発された商品作物生産地域には、単一の輸出向け作物の栽培に専念し、そこからあがる現金収入に生活の基盤をおく、同質的な小生産

▼エステート、プランテーション　地域によって使い分けられているが、この二語は同じ意味で、どちらも大規模な企業的農園を指す。海外市場に向けてサトウキビ、コーヒー、ゴム、アブラヤシ、バナナなど熱帯・亜熱帯性の作物を一種類あるいは二〜三種類に絞って栽培している。ほとんどの場合、所有、経営、労働が分離した企業的経営がおこなわれている。

プランテーション開発のため切り開かれる道路（スマトラ、一八九〇年）

者＝農民からなる村落＝農村が形成されるようになる。家族労働を中心として農業経営をおこなう小農が、はじめて東南アジア社会の中核となり、拡大する輸出経済を中心的に支えたのである。

　他方、住民労働力が不足する新開地に開かれた大農場、プランテーションでは、多数の外部労働力が域内から、あるいは中国南部、南インドから導入され、これらの農業労働者が管理人、差配《さはい》の統制下に集住する飯場《はんば》のような、閉鎖的なコミュニティが出現した。年季契約の労働力として運ばれた移民労働者は、賃金をためて故郷に帰還する人びとだけではなく、多数がそのまま現地に残り、現地社会の構成メンバーとなっていった。

　村落と国家の関係も変化した。王朝時代には、支配者間の人的紐帯《ちゅうたい》の連鎖が王権と地方社会の関係をかたちづくり、王権は地方社会首長をとおして地方社会から傜役《ようえき》、軍役の人員、そして租税を調達したが、地方社会内部の個人を直接に掌握していたわけではない。しかし、植民地政府は、近代的センサス（国勢調査）や官僚制を駆使しながら、国家が直接個人を把握するような体制を徐々に整えていく。とりわけ、村落は国家の住民把握、あるいは小生産者によ

マニラ港風景(一八九〇年代)

る商業的作物生産を促進するための要として位置づけられ、東南アジアの全域にわたって、行政村落へと再編制されていった。

初期の農業開発

ヨーロッパ市場に向けた輸出向け商品作物の生産は、十八世紀から十九世紀の前半にかけて、部分的な領土支配が進んだスペイン支配下のフィリピン諸島の一部とオランダ東インド会社が支配するジャワで始まった。初期の植民地農業開発は、一方で現地の在来統治機構や、徭役など不自由労働を利用し、他方で植民地政庁の権力を駆使して、交易独占体制や強制栽培による生産管理をおこなう重商主義の色濃い開発だった。

フィリピンでは、十七世紀までは中南米、東南アジア、中国を結ぶ中継貿易の拠点として賑わったマニラが、十八世紀終りころからフィリピン産品の輸出港へと徐々に変わりつつあった。スペイン政庁は、輸出向け農作物としてまず胡椒《こしょう》や藍《あい》の栽培を奨励し、一七八一年からはルソン島中南部の低地で、輸出向けのタバコの独占栽培を開始した。農民にタバコ栽培を条件に現金を前渡しし、収穫を公定価格で供出させるという方式だった。タバコ栽培の中心となったカガヤン地方では労働力が不足し、イロコス地方から多数の労働者が移住した。

十七世紀後半、ジャワ北海岸の主要な交易港を支配下におさめたオランダ東インド会社は、十八世紀半ばにはジャワ島の大部分を征服し、会社の直轄領とする。領土を獲得した会社は、交易支配から生産の支配へ重心を移し、サトウキビの義務供出制度を導入して、低価格で農民から収穫を買い上げるようになった。

財政が悪化して解散したオランダ東インド会社にかわり、直接植民地経営をおこなうようになったオランダ政庁は、ファンデンボッシュ▲総督のもと、植民地の財政の立直しのため、強制栽培制度を導入する。強制栽培制度とは、義務供出制度をさらに厳格にしたもので、直轄領のすべての村落にたいし、その耕地と労働日数の五分の一を、特定の輸出作物栽培に割り当てることを義務化し、その生産物を政庁が地租として徴収するという制度だった。水田と労働日の割当比率はかならずしも守られず、規定をこえて収奪を強める行政官もみられた。対象作物とされたのは、サトウキビを筆頭に、コーヒー、藍、キニーネ▲、茶な

▼ファンデンボッシュ（一七八〇～一八四四）　一八三〇～三三年オランダ領東インド総督を務める。オランダ領の植民地経営論の著作をもち、強制栽培制度の導入者として知られる。

▼キニーネ　キナの樹皮からとれるアルカロイドの一種で、解熱剤、健胃剤として用いられる。とくにマラリアの特効薬。

どだった。一方、栽培にかかわらなかった住民にも無償労役が義務として課せられた。この制度のもと、農民への栽培割当てと労働力の調達の要とされたのが行政村デサの村長だった。

強制栽培制度のもとでジャワの砂糖輸出量は、開始当時から一〇年間で六倍に達するほど急激に拡大する。一方で強制栽培制度下におかれた農民の暮しが潤ったとはいいがたく、ギアツが『農業インヴォルーション』で描いたような極限までの労働強化をもってしても、商品作物に水田を割かれた結果、食糧不足や飢饉におそわれる事例もしばしば発生した。西ジャワのチルボン州では、コーヒー、サトウキビ、藍、茶、シナモンの栽培を義務づけられていたが、一八四三年には、米もまた輸出作物に指定され、同州では飢餓がたびたび発生、餓死者を多数出すという悲惨な状況にみまわれている。一八四〇年代中葉以降には、ジャワ各地で食糧危機が頻発するとともに、サトウキビ生産も徐々に低下するようになる。

強制栽培制度は、一八五〇年ころから退潮に向かう。交易と生産の独占体制は、イギリスを先頭とする経済自由主義の主張とぶつかり、密輸や略奪の横行

チャオプラヤーデルタ

による独占体制のほころびが拡大してくる。一方でオランダ本国議会では、過酷な農民収奪政策であるとして強制栽培制度にたいする批判が強まった。こうしたなか、政庁管理の独占体制は、多大な行政的負担にたいして、生産拡大の効率性に劣るという認識が政庁自身になされるようになる。最終的には、強制栽培制度は一八七〇年代の一連の法令によって廃止され、これ以降、開発の主体は民間プランター、企業に移り、初期の政庁主導の強制をともなう重商主義的開発が終焉《しゅうえん》する。

大規模農業開発の進展

十九世紀後半以降には、移民労働力を投入した民間資本による大規模なプランテーション農業と、現地の小農による輸出向け作物栽培の二つの形態の商業的農業が飛躍的に拡大していく。

小農による生産物の代表ともいえる米の国際商品化を促したのは、十九世紀ヨーロッパにおける出版業の隆盛がもたらした製紙・製本業におけるでんぷん糊としての需要、産業革命後の都市貧民階級の代用食、醸造業など工業用原料

道路の盛り土にそって小屋が立ち並ぶエヤーワディデルタの農村（一九七五年）

需要の拡大などだった。二十世紀にはいるとアジアや西インド諸島でのプランテーションの発達が労働者の安価な食糧としての米需要をさらに拡大する。十九世紀の中葉まで開拓の手がおよばず、過疎空間であった大陸部のメコン、チャオプラヤー、エヤーワディの三大デルタは、二十世紀の初頭には海にいたるまで一望千里の広大な水田地帯へと変貌し、世界の輸出米の三分の二を供給する穀倉地帯となる。このデルタ開拓と輸出米生産を担ったのは、現地の農民だった。

初期のデルタ開発の方式とそこに成立した社会はそれぞれ少しずつ異なる。エヤーワディデルタでは、イギリス政庁が、囚人労働を用いてデルタの堤防建設を開始し、巨大な輪中《わじゅう》をつくってそのなかに耕作用地を確保した。こうした築堤や、河川の自然堤防上の高みが、開拓農民の居住空間となった。メコンデルタやチャオプラヤーデルタでは、人工的に掘削された運河の堤防上が居住空間を提供した。いずれのデルタでも雨季の湛水《たんすい》のため住居を建てるのが困難であり、開拓農民の定着には水路や道路横の高みが必要だったのである。

エヤーワディデルタを開墾した主力は、一八八五年末まで上ビルマに存続し

▼**カイ**　不在地主の土地で耕作者を管理する仲介者、小作人頭。地主にかわり開墾者を集め、小作地を配分、前貸金のほか農具、水牛、種籾(たねもみ)などを貸与し、収穫期には、小作料、借金の元利を籾米で取り立て、地主に届けた。

バンコク周辺の運河

た王朝の規制をかいくぐって南下してきたビルマ人農民であり、ここには、上ビルマでの平均保有面積に比べはるかに広い土地を開墾、経営する開拓農民の世帯が大多数を占める自作農中心の社会が成立した。のちに農民層の激しい没落が進行するが、一八八一年のセンサスでは、下ビルマの農業者の七割強が自作農となっている。

　メコンデルタでは、フランスが兵員輸送のため掘削した運河の堤防が初期の開拓農民の居住空間となった。二十世紀初頭には囚人労働と周辺村落に割り当てられた徭役を投入した大運河建設がおこなわれ、創出された広大な可耕地は、フランス人、ベトナム人に払い下げられた。不在地主の土地では、カイ▲と呼ばれる仲介者が、開墾者を集め小作地を割り振った。カイは小作に前貸金や耕作費を貸与、収穫期に前借金、利息、小作料を籾米《もみごめ》で取り立てた。小作のおかれた状況は債務奴隷に等しく、逃亡が絶えなかったという。メコンの開拓社会は、自然河川の周辺に入植した自作農と、運河地帯の小作となった人びとに農民層が二分されていた。

　タイでは、早くから始まった中国移民による商業活動と労働力供給によって、

▼ラーマ五世（一八五三〜一九一〇）　タイ国王（在位一八六八〜一九一〇）。多岐にわたる行政改革をつうじてタイを中央集権的な近代国家へと育成した。チュラーロンコン大王として知られる。

▼ランシット運河　一八八八年、ラーマ五世と契約を結んだシャム運河掘削・水田灌漑会社がバンコクの北ランシット地域に掘削した運河。全長一二〇〇キロ、二四万ヘクタールの水田が開かれた。

ラーマ二世（在位一八〇九〜二四）の時代には、住民に課していた徭役を半減することが可能となる。のちラーマ五世チュラーロンコンは、不自由労働を廃止、徭役にかわって人頭税を導入する。これらの措置は、自由に移動でき耕作に専念できる農民層出現の基礎となり、水田の開墾が促進され、デルタ頭頂部からしだいに農民経営による稲作が広がっていった。

　一八六一年以降には王室主導で、八八年以降には民間会社を中心に水田開発を目的とした運河の掘削がおこなわれるようになる。なかでも最大規模を誇るランシット運河が完成すると、バンコク北東岸に拓《ひら》けた広大な土地は、王族や華人に安価に譲渡され、東岸地帯には巨大な地主層が生まれる。

　三つのデルタの新開地に成立した集落は、運河や道路沿いの盛り土の上につぎつぎに移住してくる人びとが小屋を建てて住み着いた結果、列状村となった。一つの集落と他の集落の境界も定かでない場合が多く、また移住者の流入と同時に、さまざまな理由で開拓地を放棄してより深部のデルタに移っていく者も絶えず、極めて移動性の高い空間となった。

　そこでいとなまれる農業は米の単作であり、農民は米からあがる所得に生計

十九世紀末のバンコク港　精米所が林立していた。

をすべて委ねることになった。従来は、村落家内工業によって供給されていた加工食品、衣類、雑貨類は商店や行商人から購入されるようになり、ヨーロッパ製雑貨が植民地に大量に輸入されるようになった。綿織物をはじめ陶器、木製品、鉄製農具、加工食品などの村落内工業は衰退し、その影響は輸出向け農作物地帯にとどまらず、自給的色彩の濃い在来農法を続けていた地域でも、織物業の衰退がめだった。一方、寒冷で厚手木綿を必要とした山間高地の村落ではヨーロッパ製の薄手の綿織物は普及せず、伝統的な織物が生き残った。

プランテーション農業の展開

東南アジアに展開したプランテーション農業には、二つのタイプがみられる。一つは、すでに村落があり、農業がいとなまれている空間で、民間資本が土地を借り上げておこなったもので、ジャワにおける砂糖プランテーションがその典型だった。もう一つのタイプは、過疎地域の未利用地に新しい商品作物を持ち込み、外部労働力を投入していとなまれたプランテーションで、スマトラ島やマレー半島に多くみられた。

スマトラ東海岸の村（一八九〇年）

強制栽培制度廃止後のジャワでは、ヨーロッパ系の農園企業が、国有地あるいは住民の耕地を長期間賃借して経営するプランテーションが急増した。住民の耕地を賃借する場合は、村長をつうじてデサ単位で農地を借り上げ、借地料を前払いするという方式がとられた。土地を貸し出した村民は、農園で雇用労働者として働いたが、その仲介にも村長があたった。強制栽培制度時代に利用された行政村デサは、こうしてその廃止後もますます重要なものとなる。土地を村全体で一括して貸し出すために、多くの村で水田の個人所有が廃止され、共同保有地化が進むなど、村落の共同性とみられるものは、ますます強化されたのである。

プランテーション農業に組み込まれた村落は、変化する生活のなかで現金支出に迫られ、借地料、労賃としてはいる現金収入に依存し、そこから抜け出すのは不可能だった。プランター主導の栽培方法の改善、組織化、灌漑拡大などによって、サトウキビの単位当たり収量は強制栽培制度の時代に比べ倍増したが、農村、農民は自立的な発展をはばまれ、プランテーションに隷属するかたちで生活せざるをえなかった。

スマトラでは、オランダの実効支配がおよんだ十九世紀後半以降、島の東部を中心に、ヨーロッパ系資本による未利用地の租借《そしゃく》と、希薄な人口を補うために外部労働力を利用したプランテーションが広がっていった。スマトラの初期のタバコ・プランテーションでは、中国人年季労働者が投入されたが、二十世紀になると労働力過剰の時代に突入したジャワから多数の労働者が移住した。ジャワ人労働者は、二十世紀初頭から急速に広がったゴム・プランテーションでも主力となり、一九三〇年代にはジャワ人が東スマトラの最大の民族集団となるほどだった。かつて深い森林地帯であった東スマトラの景観は、二十世紀にはプランテーションの繁栄によって商品作物生産ベルトに変貌していった。

フィリピンにおいては、マニラ麻、サトウキビ、タバコなどの商品作物がアシエンダ▲と呼ばれる大規模農園中心に栽培された。アシエンダの所有者は、スペインによる征服後、王領地を下賜されたスペイン軍人や民間人、教会、修道会のほか、金貸業をつうじて住民の土地を集積した華人系メスティーソ▲などだった。借金を負った農民は、担保にいれた自分の土地で刈分け小作（一八頁参照）として働き、土地をまったく失った農民は、地主の土地で小作、あるいは

▼アシエンダ　スペイン植民地にみられる大農園。東南アジアではフィリピンで、十八世紀後半以降、輸出向け商品作物生産の展開とともに成立した。ルソン、パナイ、ネグロス諸島にみられ、数千ヘクタールにおよぶものもあった。現在は小規模化したものがネグロス、あるいは中部ルソンにみられる。

▼メスティーソ　アメリカ大陸では、白人とインディオの混血の人びとを呼んだが、フィリピンでは、混血の人びと一般を指すようになった。したがって現地人と中国人の混血もメスティーソと呼ばれた。

マレー半島のゴム・プランテーション（十九世紀末）

農業労働者として働いた。

マレー半島では、二十世紀初頭から、半島全域でゴムのプランテーションが爆発的に拡大する。ゴム・プランテーションは、ヨーロッパ系資本と経営者、セイロン（現スリランカ）や南インド出身の英語の話せる中間管理者、そしてインド、とりわけタミル地方出身の債務移民の労働者という組合せで経営された。一九一〇年代、ゴムブームが到来すると、イギリス資本のみならず、フランス、アメリカ、華人の資本もゴム栽培・加工に投入される。注目に値するのは、マレー人農民が、自らの焼畑のなかに従来の食用作物とともにゴムの苗木を植えつけ、ゴムが育った時点でゴム園に転換するという方法で、容易にゴム栽培に進出し、小規模な農民経営のゴム園が広範に広がっていったことである。

人口過疎の地に切り開かれた大農園のなかの生活は、どのようなものだったろう。ネグロス島の砂糖アシエンダの例をみてみよう。ネグロスは、十八世紀前半までは人口一万五〇〇〇人程度の中部ビサヤの島の一つだったが、近隣諸島から労働力を導入して砂糖生産がおこなわれるようになり、一八九〇年代末には六万人の人口をかかえるフィリピン随一の砂糖生産地になった。島にいく

スマトラにおけるタバコ・プランテーション
プランターの居宅。

プランテーションにあるタバコの乾燥小屋

プランテーションのジャワ人労働者
タバコのあとに栽培される稲穂を摘んでいる。

プランテーションのタバコ園

ココナッツ・プランテーション(ペナン、十九世紀末)

つも開かれたアシエンダは、それ自体が一つの閉鎖的な小社会をなしたが、生活を潤す市場も娯楽施設もない、あくまでサトウキビの栽培と砂糖の生産を軸に形成された空間だった。

アシエンダ内部にはアシエンダ所有者あるいはフィリピン生まれのスペイン人の農場管理人が居住する邸宅と、労働者頭と労働者たちが家族とともに住む住居があった。そのほかには、製糖作業のための作業所、倉庫、サトウキビの搾りかすをかわかす広場、労働者たちの食事場、家畜小屋、キビ畑などがある。労働は極めて厳しく、収穫期、製糖期には、一日の作業時間は一六時間にもおよんだ。農作業は灼熱の太陽が照りつける炎天下で、平均して一二〜一三時間も続いた。労働者の唯一の楽しみは賃金で、給料日には、わずかな賃金を手にした女たちは町に買い物に、男たちは地酒を手にいれて疲れをいやし、夜にはアシエンダの一角で賭博《とばく》に興じたという。

行政村落への編成

東南アジアを支配したヨーロッパ勢力は、いずれも植民地統治の基礎として村落の重要性に着目している。東南アジアにたいするヨーロッパの関心が、熱帯産品の交易にあった十五〜十六世紀には、さまざまな人種民族の交易商人を出しぬいて、在地権力と関係を取り結び、求める産品を独占的に集荷し買いつけることにもっぱら彼らの精力がそそがれた。いまだヨーロッパ勢力は圧倒的に少数であり、現地の地方社会のありように介入する力も欠けていたし、またその必要も存在しなかった。

　しかし、領域支配が進み、東南アジアを一次産品の生産供給基地として位置づけるようになると事情は変わってくる。輸出産品を生産する土地と労働力を確実かつ効率的に把握することが極めて重要になる。

　オランダ東インド会社の政策が、在地支配者の温存から、その廃止と新しい村落支配層の樹立へと変わっていった具体的な過程をみてみよう。一七五二年、オランダ東インド会社は西ジャワのバンテンのスルタン▲と条約を締結し、スルタン領を会社の属領とした。スルタンには胡椒の安定的供給を求め、その代償に胡椒の売買手数料など財政収入の確保と、域内行政の権威を認める。地方社会を実際に掌握していたのはスルタンから称号を与えられ、その地位を保証さ

▼スルタン　アラビア語のスルタン(統治者)からきた語。十五世紀にイスラームに改宗したマラッカ王国の王が名乗ったのが始まりとされ、その後、王族が名乗るようになった。植民地時代、スルタンの称号は残るが実権は失われた。

れたプンガワと呼ばれる人びとで、彼らは自分の保護下にある者をつうじて、小さな集落の労働力と税を徴収していた。一七六〇～七〇年代をつうじ、会社はスルタンとプンガワの権力を容認し、その統治システムに乗って胡椒を集荷していた。

しかし一七六〇年以降、徐々にこの体制の土台がゆらいでくる。その主要因は、イギリスをはじめとする他のヨーロッパ勢力の中国貿易への精力的な参加、および西ジャワで興隆した製糖業とそれにともなう中国人人口の増大だった。ヨーロッパ人交易業者は、中国市場に向けた東南アジア物産を必要とするようになり、オランダによる交易独占体制と激しくぶつかる。交易の独占は海賊や密輸の横行を呼び、略奪品を中国人が購入、イギリス人に持ち込み、砂糖プランテーションに供給する阿片《あへん》と交換するという図式ができあがった。こうしてオランダ東インド会社が、在来権力と排他的条約を結び胡椒を独占的に入手するという体制は十分に機能しなくなる。

こうした事態を受けて、オランダ政庁は一八一九年以降、地方社会の直接掌握に向けて、村落行政の改編に着手する。従来の小集落を併合して行政村落

▼バリオ　スペイン統治時代に地方行政末端組織として、分散する集落を集めて創設された行政村。人為的に区切られた行政的・地理的単位にすぎず、自治機能をもたなかった。一九七二年に、バランガイと改称された。

▼プエブロ　スペインによる地方行政組織として創設された行政単位であり、いくつかのバリオを統合し

(デサ)をつくりだして新しい現地人の首長と役人をおき、プンガワのような過去の地方支配者は、その過程で排除していった。

フィリピンでは十八世紀前半、スペイン政庁とカトリック教会は一体となって布教と統治を進め、集落を統合して行政村(バリオ)▲をつくり、いくつかのバリオから行政町(プエブロ)▲を設立した。一つの行政町が、一つの教区(パロキア)▲を構成し、行政単位と教区はかさなりあった。定着した集落をつくらず、移動しながら散開して暮していた山の民、森の民にたいしてもカトリックの布教と特定場所への集住を進め、新たに任命した村長をつうじて地方統治を進め、労働力動員を容易にする体制が創出された。

十九世紀後半に植民地化された地域でも、村落制度の改編が進む。ただし宗主国イギリスの関心が、錫とゴム産業に集中したマラヤでは、農民は植民地的開発に深く巻き込まれなかったため、村落制度の整備は植民地当局の主たる関心事にはならなかった。

一八八六年、第三次英緬《えいめん》戦争▲の結果、コンバウン朝を倒しビルマ全土を併合したのち、ビルマ長官として赴任したクロスウェイト▲は、村落制度の改編が植

て創設された。町と訳される。地方行政の実質的な末端組織として機能した。のちにムニシパリティと改称される。

▼パロキア　教区。スペインは、フィリピンの統治において政教一致の支配体制をつくりだした。行政単位の町(プエブロ)とカトリック教会の小教区は完全にかさなっており、教区司祭が、統治行政面でも絶大な権力をふるった。

▼第三次英緬戦争(一八八五〜八六年)　一八八五年十一月、イギリス系の木材会社の脱税事件を口実に、イギリス政府はビルマ王朝政府に一方的な最後通牒を送り、軍事行動を開始した。王と王妃はとらえられてインドのラトナギリに移送され、コンバウン朝は滅び、ビルマ全土がイギリスに併合された。

▼チャールズ・クロスウェイト(一八三五〜一九一五)　第三次英緬戦争後、全土が英領となったビルマの長官(在任一八八七〜九〇)としてインドより赴任。地方行政制度の創出と各地の反乱の平定にあたった。

フィリピン、バリオの風景（十九世紀末）

▼ミョウ、ミョウ・ダヂー　十一世紀の文献上のミョウは、砦の意味だが、十八〜十九世紀、コンバウン朝時代のミョウは、地方社会単位であり、数十の村をそのなかに擁した。世襲の統治者ミョウ・ダヂーが統治した。

民地行政の成否の要であるという考えをもっていた。彼が導入した新しい村落制度は、王朝時代に地方社会の要の位置にあったミョウ▲にかえて、在来の村落を併合した村落区を創設し、そこに一人の村長をおくというものだった。数年後、下ビルマにもこの制度は敷衍《ふえん》された。クロスウェイトがミョウの解体の方向を打ち出したのは、平均数十の村落を内に含み、王朝社会における徴税と労働力動員の要にあったミョウの首長であるミョウ・ダヂー▲が、イギリスによる併合にたいして、配下の住民や流民を動員して武力をもって抵抗する事件があいつぎ、騒乱の平定、治安維持をはかるという切羽詰まった必要からでもあった。

しかし、イギリス人県知事から任命されることになった新村長はたんなる徴税役人と化し、住民の支持はえられなかった。世界大恐慌下の疲弊する米作地帯を背景に、一九三〇年農民大反乱と呼ばれる蜂起が勃発《ぼっぱつ》し、各地に飛び火していったとき、まず村長の居宅がおそわれ、租税台帳が焼き捨てられるという事件が頻発したことが、それを如実に物語っている。

植民地時代にも、開発のおよばない山岳部、少数民族居住地の多くや、現地農民の掌握が死活問題と意識されなかったマラヤのように、植民地行政村落の再編、創出がおこなわれない地域もあったが、ほぼ東南アジア全域にわたって村長の地位が明確にされ、地方末端権力の焦点として位置づけられた。村落制度の改編の核心は、一人の村長に権威を与え、国家の地方にたいする要求の代理執行者とすることにあり、村長の主な任務は、上からの命令を伝えてその執行にあたり、治安を維持し、地方社会の報告を上に送ることだった。同時にほとんどの行政村落は複数の集落の併合によって生み出され、領域が拡大するとともに、地理的な境界線も確定されていった。

農民経営の危機

植民地時代の輸出農業を支えた農民だったが、二十世紀初頭から、彼らが開墾、開拓したその土地から切り離されていくというプロセスがめだって進行する。開拓農民が自ら切り開いた土地を失うケースは植民地期の開拓の初期から存在した。植民地政庁は、土地測量と登記を近代的な土地所有権の要件として、その速度と範囲に差はあれ、それぞれの植民地における土地測量と登記を進め

▼**フランス領コーチシナ**　一八六二年のサイゴン条約によりフランスが直轄植民地としたベトナム南部三省、さらに六七年に併合した南西三省を加えてフランス領コーチシナと呼んだ。フランス統治下で、ベトナムは、保護領トンキン(北部)、保護国アンナン(中部)、直轄植民地コーチシナ(南部)に三区分された。

ていった。一方、土地に比して人口が少ない状態が長く続いた東南アジアでは、開墾者の土地にたいする権利は極めて強く、慣習法上でも手厚く守られていることが多かった。登記という新しい制度に不慣れな農民が、登記手続きを知らないままに、開墾地を自分のものと信じて耕作を続けていることはまれではなかった。

フランス領コーチシナ▲では一八六〇年代から土地登記が徐々に進められたが、植民地下の土地登記は、開墾農民の土地をフランス人の手に渡すもっとも有効な手段だったとまでいわれている。広大な開拓地が無主地として国有地に編入され、フランス人やフランスに協力的なベトナム人に安価にあるいは無償で払い下げられた。フィリピンでも、土地を開墾した農民が当然自分の土地と考えていたものが、政治権力に近く、法律につうじたアシエンダ(五五頁参照)所有者により、法廷の場で奪われる事例があいついだ。

農民が土地を失ったもう一つの重要な原因は、土地を担保にした借金だった。初期の開墾にあたって、収穫までの生活費あるいは営農資金として多くの農民は開墾地を担保として借金をした。東南アジアの在地高利貸しの金利は年率にするとと六〇～一〇〇％におよぶほど高利だったが、輸出経済の拡大のなかでは借金を返済して十分に自作農としてやっていける見通しも強かった。

英領ビルマやマラヤに、南インド・マドラス（現チェンナイ）から進出してきた金貸しカーストであるチェティヤー▲が、手広く農民や小生産者向けの短期貸付をおこなうようになると、多くの農民は、在地高利貸しに比べ格段に低利で、迅速な貸付をおこなうチェティヤーに営農資金や生活資金を依存するようになる。十九世紀後半をつうじて米をはじめとする輸出農産物の価格は上昇を続け、二十世紀初頭にはチャオプラヤーデルタやエヤーワディデルタではより多くの米作地を求める農民、商人、資本家が、土地の値段を吊り上げ、土地ブーム、土地投機の様相を呈してくる。保有規模を拡大しようと試みる農民は、自分自身の水田を抵当にいれてまで、新しい土地の購入に走った。土地にたいして人口の過疎空間でありつづけた東南アジアにおいては、前代未聞のことだった。

こうしたなかで、農民層の分解が進行する。一九二〇年代まで国際米価は上昇を続けたが、上昇率は鈍化してくる。一方、三大デルタのいずれも最深部海岸線近くまで二十世紀初頭には開発されつくし、新規の水田開発は頭打ちにな

▼チェティヤー　マドラスに本拠をおく金融カーストで、植民地時代広く東南アジアに進出した。欧州系銀行や植民地政府がおこなわなかった小生産者向けの金融をおこない、輸出経済の興隆を支えたが、各地のナショナリズムの標的ともなった。

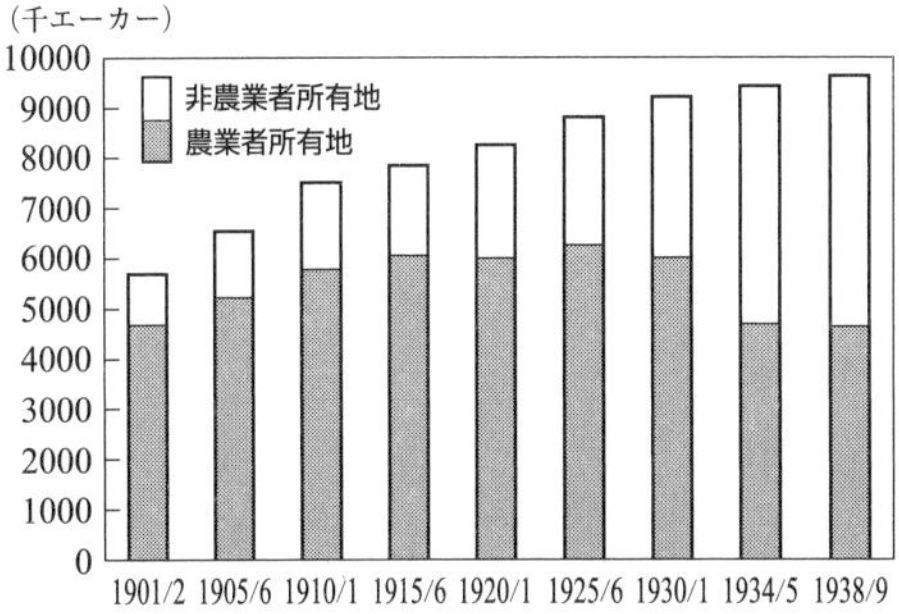

ビルマ主要米作地帯の水田所有状況
（出典：Chen Siok-Hwa, 1968, pp. 270–271 より作成）

る。そうしたなかで土地価格が上昇を続け、借金して耕地拡大に走った農民のかなりの部分が借金を返済できず、新しい水田のみならず、抵当にいれた自身の開墾地も失うような状況に陥る。

輸出経済の拡大のさなかで、富農や地主、あるいは精米所所有者へと上昇していく農民が存在する一方、土地を失い小作化し、さらに役牛《えきぎゅう》や大型農具をも失って農業労働者に転落する農民の数も確実にふえていった。

農民の土地喪失を決定づけたのは、一九二九年末に端を発した世界大恐慌だった。輸出向け単一農作物の生産に特化して生計を立てていた農民の受けた痛手は深刻だった。エヤーワディデルタの米作地帯では一九三一年の時点で、自分の土地を維持できたのは、かろうじて二割ほどであり、小作が二割、農業労働者が六割を占め、村の過半数が労働者化するという状況に立ちいたっている。

下ビルマだけでなく、植民地下の開発の主要舞台、とりわけ低平地農村部では、極めて多数の土地を失った人びとが堆積することになった。ジャワの直轄領でも、二十世紀初頭、耕地をもたない世帯が五割近くを占め、その大多数が農業労働者であったという。ベトナムではコーチシナだけでなく、トンキンデ

Sept. 1918, Thuriya Magazine

●農民の苦境をあらわす政治漫画（ビルマ）　重い税負担（一九一八年）。

●政治漫画（ビルマ）　イギリス人米輸出商、高利貸しチェティヤー、ビルマ人地主高利貸しが攻め立てる（一九二六年）。

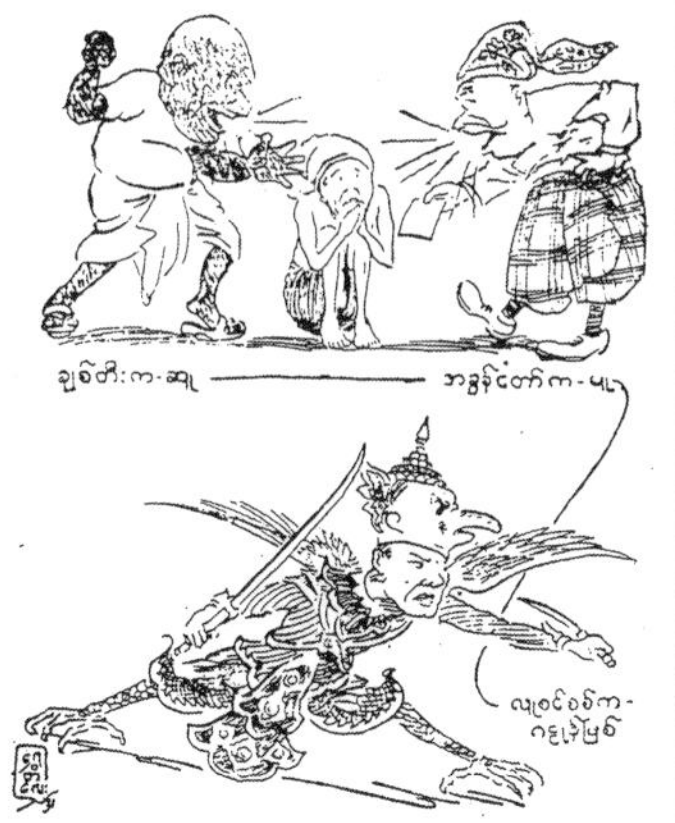

22 Feb. 1933, Bandoola Journal

●政治漫画（ビルマ）　チェティヤーと徴税役人に攻め立てられる農民、反乱へ（一九三三年）。

ルタにおいても、一九三二年には農村人口のおよそ三分の二が賃金労働者であったという報告がある。

一方、輸出作物生産に特化せず、農民が多品種の農作物をつくりつづけ、自給的性格を残していた上ビルマやカンボジア、ラオスなどでは、大恐慌の影響は比較的軽微にとどまり、農村世帯の相対多数を自作農が占めつづける状態が持続した。

このように十九世紀半ば以降急速に成長し、輸出経済の根幹を支えて社会の中核となった農民の多くの部分が、植民地時代末期に、土地を失い無産化するという事態が広範に現出した。これは一九三〇年代に各地で生じた農民反乱の背景ともなり、興隆しつつある各国ナショナリズムに大きな影響を与えることにもなった。

④—変わりつづける農村と農民の暮し

強まる行政村としての性格

第二次世界大戦中、東南アジアの広い地域が日本の軍政下▲におかれたが、そのなかで、村落行政に大きな影響があったのは、インドネシアだった。実際の戦闘がフィリピン、ビルマのような他地域に比較し軽度であり、食糧をはじめとする資源基地として期待されたインドネシアでは、軍政当局は、労働力調達、食糧増産の鍵をデサ(九頁参照)に求めて、積極的に村落行政に介入した。デサそのものを改編したわけではなかったが、デサ村長(区長と呼ばせるようになった)の被選挙資格として、年齢制限(五十歳以下)、識字能力、そして日本の戦争遂行への協力を法令で定めた。

従来、選挙によるとはいえ、村落のなかでもっとも威信ある長老が就任し、生涯その職にとどまることが多かったデサ村長の性格は、この規定により大きく変わることになった。威信ではなく日本軍の権力を後ろ盾にして、ロームシ▲ャ徴発や農産物の供出達成に走りまわる比較的若い実務的な村長という新しい

▼**日本の軍政**　第二次世界大戦中、日本は、東南アジアの全域を軍事攻略し、フランス領インドシナとタイを除く地域において軍政を敷いて、日本軍の作戦遂行に現地の資源、労働力を動員した。日本軍政は、現地住民にたいする苛酷な請求によって、反日感情を醸成し、戦争末期には抗日抵抗組織が各地で活動するようになる。

▼**ロームシャ**　第二次世界大戦中、日本の占領下の東南アジアでは、鉄道、道路、飛行場建設などへ、現地人の強制徴用がおこなわれ、農業生産に打撃を与えただけでなく、多くの傷病死による犠牲者も出した。インドネシアではロームシャという言葉が、軍政時代の過酷な体験をあらわす言葉として記憶されている。

像は、従来の村長像とは大きく異なるものだった。日本軍政の農村にたいする請求は極めて厳しく、日本の敗戦と撤退後、籾米《もみごめ》の強制供出やロームシャの徴用など日本軍の命令を実行した区長への恨みが噴出し、軍政時代の多くの区長がその地位から追われた。東南アジアの他地域では、日本軍政は村落そのものに手をつけるほどの余裕はなく、労働力動員や計画生産のノルマについても、県など、より上級の行政単位に課していたので、村落制度にたいする影響は比較的軽微だった。

独立後の東南アジアでは、行政の末端としての村落、国家のエージェントとしての村長という植民地時代にかたちづくられた基本的性格は変わらず、むしろ強化されていったというべきだろう。中央における権力の交代や変動が、村落レベルの権力の交代に直接結びつくこともしばしばみられた。

中央の政変が村落制度の改編に直結した例としては、一九六二年のビルマにおける、国軍によるクーデタがある。議会制民主主義に立脚していたウー・ヌ▲の社会党内閣を倒した国軍司令官ネーウィン▲率いる革命評議会政権は、全国の各行政レベルに軍人主体の治安行政委員会（SAC）を組織し、そこに行政上の

▼**ヌ（ウー・ヌ）**（一九〇七～九五）
ビルマ独立後、初代の首相。社会主義的福祉国家の建設を唱えるが、国内政治を安定させることができず、一九六二年、当時の国軍司令官ネーウィンのクーデタにより追い落とされた。

▼**ネーウィン**（一九一一～二〇〇二）
国軍司令官であった一九六二年、クーデタにより、政権につく。ビルマ式社会主義を掲げ、一党独裁による政治を二六年間続けたが、一九八八年の民主化運動の高まりのなかで政治から退く。

権力を集中した。村落区《チェーユワオウス》においても、従来の村長《ユワダギー》にかえて村落治安行政委員会をおき、その長を上級行政レベルの町区《ミョウネ》ＳＡＣが任命するとした。村落区の長は議長《オカタ》と呼ばれることになり、長い歴史をもつ村長という呼び名はなくなってしまった。軍政の政策を支持し、その遂行に協力的な人物を確保するための措置であり、村落区の首長は名実ともに、中央政府の地方における代理にすぎないものとなった。

一九七四年には民政移管がおこなわれ、新憲法のもとで、各レベルの行政機関の名前は人民評議会と変わり、選挙によって評議員を選出することになったが、候補者は、単一政党であるビルマ社会主義計画党▲が選定したので、行政権力上の実質的な変化はなかった。村落人民評議会の長もまた議長と呼ばれつづけ、村落区行政は、自治的性格を失い、中央から指示される計画作物の作付け指定の実施や、米をはじめとする指定作物の強制供出の実行、そして灌漑、道路など土木工事への労働力動員などをこなしていくことを求められた。村人のあいだの慣行であるナーレーフム▲が村に課される請求をわずかに緩和させることがあっても、中央が決定する農業政策にたいしては、どれほど地方の実情と

▼ビルマ社会主義計画党（ＢＳＰＰ）　一九六二年に、ビルマ式社会主義を導く革命政党として樹立され、議長にはネーウィン将軍が就任した。一九六四年には、ＢＳＰＰを除くすべての政党、政治団体の活動が禁止され、唯一の政党として独裁制を支えた。

▼ナーレーフム　理解という言葉だが、国家の請求が厳しいビルマ式社会主義時代の農村では、おたがいの暗黙の了解によって厳格な規則をそのままあてはめず、少々の逸脱を黙認する行為を意味して使われた。

かけ離れていても、これに抵抗する、あるいは無視することはまったく不可能な状態だった。

ビルマの例は国家による村落社会の統制がもっとも強くあらわれた例だが、一九六〇年代に登場した開発独裁と呼ばれた権威主義的な政治体制のもとで、農村開発計画が国家によって遂行されるようになったインドネシア、マレーシアなどの諸国でも、村長は、国家の開発政策の地域代理人としての性格を強めていった。開発計画にともなって農村にもたらされる補助金、灌漑、道路などのインフラ整備、肥料農薬などの低価格頒布などの諸利益を配分することをつうじて村長の権力は強化される一方、中央政府の末端役人という性格がますます顕著になった。インドネシアでは、七九年の村落行政基本法▲によって、デサ村長ははじめて俸給を支給される村役人として位置づけられ、村落における権力集中と国家の政策遂行への協力義務が明確に打ち出された。

未解決の土地問題

東南アジア諸国は、輸出向け一次産品のモノカルチュア経済▲、農村土地無し

▼**村落行政基本法**　スハルト政権により、全国画一の村落行政システムを創出する目的で制定された。ジャワのシステムをモデルとし、既存の集落を一つの行政村に統合して新しい村長をおき、中央政府を頂点とするヒエラルキーに組み込んだ。

▼**モノカルチュア経済**　ごく少数の一次産品の生産、加工、販売に特化している経済。植民地支配下で、世界市場向けの商品作物の生産への特化をしいられた熱帯、亜熱帯の国々において、こうした経済構造が生まれた。

層の堆積、地主―小作関係の展開、人口圧という植民地時代からの負の遺産をかかえて独立した。植民地時代、低平地を中心に急速な開拓が進み、巨大な生産力が開放されたことは正の遺産に違いなかったが、十九世紀後半〜二十世紀初頭とは異なって、一次産品の国際市況は、二十世紀中葉以降、しだいに工業製品との相対価格において不利な立場におかれ、大きな価格変動にもさらされていた。

　しかし、独立後の各国政府は概してこうした農業問題へ取り組む余裕をもっていなかった。国民統合上のさまざまな困難をかかえていただけでなく、多くの場合、経済政策の重点が脱植民地化、すなわち輸出経済構造脱却をめざした自前の工業化におかれていたからでもあった。植民地時代、主要資源と収益性の高い経済部門が外国人に独占支配されていた苦い経験から、経済の実権を外国人から現地人の手に奪還することが、生産力の増強以上の優先政策ともなった。こうした経済ナショナリズム▲が極めて強く政策を主導したのは、インドネシアやビルマであり、主要経済部門の国有化、政府系企業による工業化などが試みられた。こうした国々では農業部門は、工業化やインフラの整備のための

▼経済ナショナリズム　独立後の東南アジア諸国では、いずれもナショナリズムが経済政策のあり方に強い影響を与えた。東南アジアの経済ナショナリズムは、世界市場からの一国経済の防衛、脱植民地化のシンボルとしての工業化、そして経済の現地化を特徴としていた。

原資を提供する基盤としてとらえられ、農業部門がかかえる構造的な問題の解決はほとんど進まなかった。

著しい土地集中がみられたフィリピン、あるいは植民地時代末期にかけて小農の無産化が進んだ国々では、土地を耕作者の手にもどすため土地改革が試みられた。しかし、農村の小作農、貧農を動員しながら地主の土地を接収、再配分をおこない、農業の集団化へと進んでいった北ベトナムを別として、実効的な土地改革は遅々として進まなかった。

インドネシアやマレーシアでは、既得権益に抵触する土地の再配分よりも、人口稠密《ちゅうみつ》地における土地無し農民を、人口過疎地の新開地に移民する政策が優先された。インドネシアでは、植民地時代からジャワから外島部（インドネシアのジャワ以外の島々）への移民がみられたが、独立後、とりわけ一九六五年からは毎年約一五万人の農民が外島部に移動し、八〇年代末には累計五〇〇万世帯がジャワから外島に移転している。しかしジャワの人口圧を解消する効果はほとんどみられなかった。外島部からジャワとりわけジャカルタへ流入する人びとが、それを相殺するほど多かったからである。

マレーシアでは、一九五七年の独立の前年に設立された連邦土地開発庁▲が、マレー人零細農、土地無し農民対策として新開地の入植政策を展開した。新規に開発された土地にアブラヤシ▲あるいはゴムを栽培する自作農をつくろうという試みだった。当初は、入植者に土地所有権が与えられたが、アブラヤシの栽培管理、迅速な加工を個々の農民に委ねるのが困難であるとされ、七〇年代からは新規入植地は集団または協同組合所有となり、八〇年代以降は連邦土地開発庁の所有となった。入植農民は自作農ではなく、ブロックごとに組織化され作業日程に従って自分の作業区で働く雇用労働者的な存在となった。

ビルマでは、独立後いち早く一九四八年に土地国有化法が公布されたが、独立後の内戦にもはばまれ、土地の再配分はほとんど実行されていない。ただし、外国人による土地所有を禁じたこの法は、第二次世界大戦中にインドに避難したチェティヤー(六五頁参照)をはじめとするインド人金融業者が、下ビルマの米作地帯に集積した土地を戦後取り戻すことを極めて困難にした。すでに戦時中、耕地を失っていた多くのビルマ人農民は、ビルマから退避したインド人地主、高利貸しの土地を占拠し、事実上自分のものとして耕作していたが、この

▼**連邦土地開発庁**(FELDA)　一九六〇年までは、土地開発資金の融資機関にすぎなかったが、六一年以降は入植計画の実施主体となり、大規模な開墾、農村貧困層の入植プロジェクトを実施し、貧困撲滅に成果をあげた。約九〇万ヘクタールの耕地の大部分にアブラヤシを栽培している。

▼**アブラヤシ**(オイルパーム)　西アフリカから導入され、第二次世界大戦後、マレーシアやインドネシアにプランテーション用作物として急速に広まった。果実から椰子油を抽出するが、採取後二四時間以内に油を抽出する必要があり、近代的な工場を備えたエステートでのみ栽培されている。

国内総生産に占める農林水産部門と工業部門の比率（出典：B・R・ミッチェル編、二〇〇二年、一〇五〇〜五三頁）

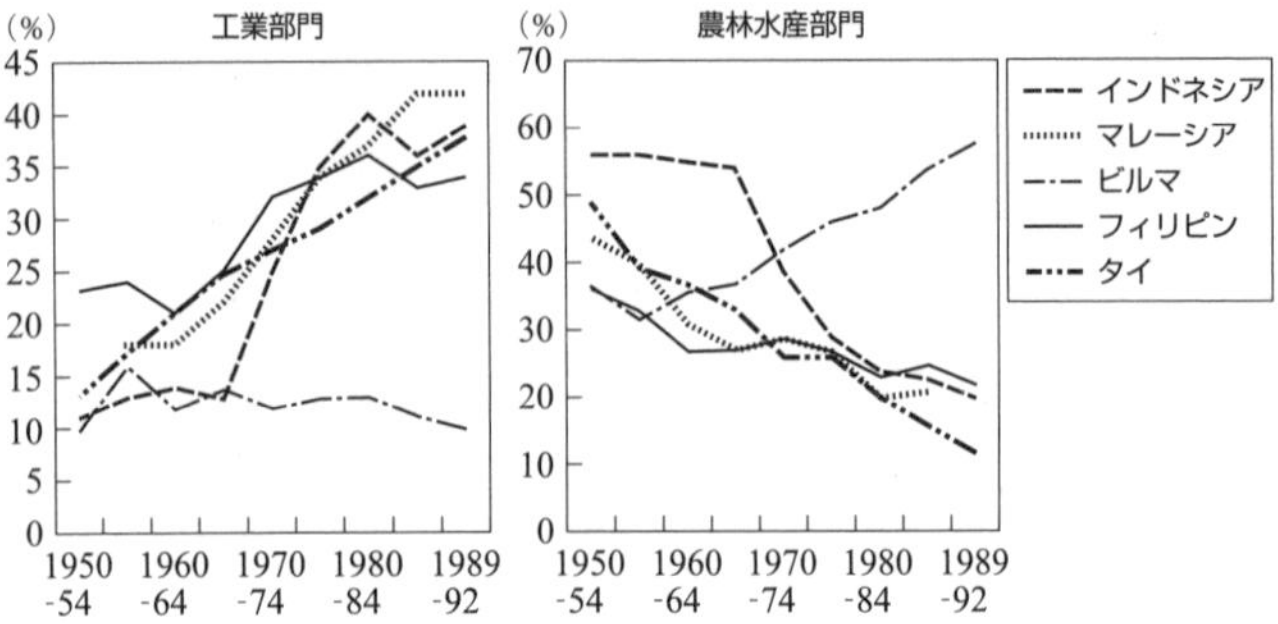

状態が追認されることにもなった。

一九五〇年代から六〇年代半ばまで、東南アジアの農村のかかえるもっとも大きな問題が土地問題であったことはまちがいない。新しい非農業の雇用機会が開けず、農業のなかにも強力な発展の牽引力が見出しがたいこの時期においては、土地所有が農民にとって最大の経済的基盤であり、豊かさと地位の象徴でもあった。土地から切り離されることは、貧困、生活の不安定にそのまま直結していた。

産業高度化と就労変化

しかし、その後の変化はかなり急速であり、土地所有以外のさまざまな要因が農民の暮しにより大きな影響を与えるようになる。変化の趨勢を、数字のうえで概観してみよう。産業構造の変化を、国内総生産（ＧＤＰ）に占める農林水産業の割合でみると、ビルマを唯一の例外として、どの国でも農林水産業の比重はかなり低下している。一九八九〜九二年の平均値をみるとタイではわずかに一二％、フィリピンで二二％、インドネシアで二〇％が農林水産業の生産額である。移行経済▲の諸国でも、ベトナムは二〇〇三年には農林水産業の比率が二一%まで低下し、カンボジア三五%、ラオス四八%となっている。

　農林水産業とは逆に工業部門は拡大しつづけている。タイ、マレーシア、インドネシアでは一九八九〜九二年には、ＧＤＰの約四割に達し、フィリピンでも三四%となった。こうした産業構造の変化は、六〇年代後半から急速に進行したことがグラフから読み取れる。これは、東南アジアにおける経済ナショナリズムの時代から開発の時代▲への転換点と一致している。すなわち、社会主義を標榜する地域を除いた東南アジア諸国が、「開発」を国家イデオロギーとする多かれ少なかれ権威主義的な体制のもとで、自前の輸入代替工業化から、外資の導入を梃子《てこ》とする輸出向け工業化へと舵をきりかえていった時代である。農業部門では「緑の革命」と呼ばれた高収量品種の導入が普及し、農業生産力の拡大と同時に、農業投入財の貨幣化が進み、農民の階層間格差が広がっていった時代でもある。ビルマにおいてこうした構造変化が進行しなかったのは、一九六二年以降「ビルマ式社会主義」を掲げた国軍を母体とする政権による統制的な経済政策が、経済の停滞をまねいたためだった。

▼**移行経済**　社会主義計画経済から市場経済への体制移行を進めている経済。東南アジアではベトナム、カンボジア、ラオス、ビルマがこれにあたる。

▼**開発の時代**　一九五〇年代終りから六〇年代にかけて、多くの東南アジア諸国は外資を警戒するナショナリスティックな経済政策から、西側の援助、外資導入を梃子として経済発展をはかる政策に転換する。開発独裁とも呼ばれた政権が、開発を一つの国家イデオロギーとして掲げた七〇年代までを指す。

タイ、コンケーンのサムロー

▼ベチャ　自転車に客を乗せる座席や、日差しよけの幌などを取りつけた自転車タクシー。カンボジアではシクロー、タイではサムロー、ビルマではサイカーと呼ばれる。庶民の交通手段としてどこでも見られたが、自動車の普及とともにすたれつつある。

居住地域としての農村地域をみると、農村居住人口の全人口に占める割合が二〇〇五年の時点で、過半数以上を占めている国は六カ国であり(インドネシア五二%、タイ六八%、ビルマ六九%、ベトナム七三%、ラオス七八%、カンボジア八〇%)、その他の四カ国は、半数を大きく下回っている。農業・農村の存在しないシンガポールは別としても、ブルネイ二二%、マレーシア三五%、フィリピン三七%と、かなり低い数字である。東南アジアの人びとの大多数が農村に居住しているとは、もはやいえないことがわかる。

このような変化は、農民の暮しにも大きな影響を与えている。一九五〇年代、そして六〇年代には、零細農や土地無し層は、農村内部あるいは直近の周辺で見つかる雑多な就労機会を見つけて生計を維持していた。世帯主は、農繁期には農業労働者、農閑期にはベチャ▲引きとなり、その合間には魚や薪木を採取、販売などして稼ぎ、妻は妻で農業日雇い労働と、朝市で野菜やスナックなど自家製品を販売、十歳をこえるような男の子は、牛追いとして幾ばくかの籾米を稼ぐというような世帯員総動員の多就業構造があたりまえにみられた。

中規模、大規模の土地をもつ農家でも兼業がしばしばおこなわれ、ある程度資金を要する安定的な副業、例えばベチャのかわりにバス、あるいはトラックを購入しておこなう運送業、雑貨屋、金貸し、農産品加工や織物など家内工業などをいとなんで、所得のかなりの部分を非農業部門から稼ぎ出していることも少なくなかった。

こうした農村内副業と農業労働を組み合わせた就業構造は、産業の高度化が進むにつれ、徐々に変化してくる。農村外の非農業就労がしだいにふえ、都市のインフォーマルセクター▲への出稼ぎが増大し、さらには海外への出稼ぎも急増するようになる。地方都市において、工業化が進むようになると、若年女子労働を中心にある程度安定した賃金所得がはいり、農業所得を上回る労賃が家計を潤すようにもなる。

農村部における就業構造の変化を、東北タイの事例を借りてみてみよう。

T村は、稲作農家を中心とする米作村である。一九五〇年代、村の世帯の多くは農業収入だけでは家計をまかなえず、農村内の雑多な副業による収入を組み合わせて生計を立てていた。六〇年代にはいると商品作物栽培が始まり、まず麻袋や麻紐の原料となる繊維作物ケナフ▲の栽培が広がった。七〇年代にはキ

▼都市インフォーマルセクター　多義的に使われるが、一国の工業化の恩恵に浴さない、都市雑業層と呼ばれる人びとが従事する経済分野を指すことが多い。露天商、リキシャ引きなど。農村からの流出人口の多くが吸収される。

▼ケナフ　繊維作物。栽培が比較的容易で生育が早い。茎から良質のパルプがえられる。南インド、タイなどで栽培。

ジャカルタのベチャ

農家の女性の副業　朝市で。

▼キャッサバ　タピオカとも呼ばれる食用作物。地中の芋が良質のでんぷんを含む。若葉も食用となる。東南アジアに広く普及。

ャッサバ▲栽培が急速に拡大している。この時期には米価格も上昇し、農家所得の拡大のなかで農業就業機会も増加し遊休労働力が吸収された。バンコクへの出稼ぎは、五五年に一人の未婚女性がレストランで働いたのが最初の事例であり、六〇年代にはいっても例外的な選択肢だった。七〇年代の半ばから若年層を中心に男子は南タイのゴム園における賃労働、女子はバンコクにおける家事労働や繊維産業の賃労働に従事し、三十代になると村にもどるという出稼ぎパターンが定着してくる。

一九八〇年代にはいると、商品作物ブームが収束するが、農家の生活水準が上昇し、現金支出が膨らみ、農外収入が不可欠となっており、世帯主をも含めた多くの男子がバンコクや中東に出稼ぎに行くようになる。非農業の雇用機会が近隣の地方都市にまだ開けていないためである。地方都市に工場ができるようになったのは、九〇年代にはいってからで、男子にも建設労働、工場労働の雇用機会がふえ、未婚の女子には安定的な就業機会が開かれるようになり、農村に住みながら通勤して賃労働に従事するという新しい兼業の可能性もでてきた。

●—**村の労働者派遣のリーダー**（左端、上ビルマI村）

●—**建設労働に従事する出稼ぎ者**（西ジャワ、チレボン）

●—**残された孫の世話をする祖母**　母親は湾岸諸国に出稼ぎに行っている。

●—**海外でお手伝いとして働く若い女性を募集する看板**（西ジャワ、スバン）

海外出稼ぎ（家事労働）**で建てた家**（西ジャワ、チレボン）

海外出稼ぎ者の寄付で建てられた小学校（ビルマ、ミッター）

東北タイからバンコクを飛び越え、一挙に中東へ出稼ぎに行くような場合、斡旋会社の存在が重要である。T村でみられた中東への出稼ぎは、親族などから借金して金を集め、高額の前金を斡旋会社に支払ってサウジアラビアで働くというパターンだった。

一九八八年には一七名の男子が海外出稼ぎに行き、そのうちの一〇名が世帯主だった。二年の出稼ぎのあと借金を返しても、家の新築や軽トラックの購入が可能になるほどの収入がえられ、中東への二年の出稼ぎの所得は、平均農家の純所得の一八年分にも相当したという。

産業化の遅れたビルマでも、一九八八年十一月、軍事政権が種々の統制を残しながらも、経済自由化、対外開放へ踏みきると、農村の就業構造に徐々に変化の兆しがあらわれた。九九年に筆者たちがおこなった中部ビルマ、ミッター地方での調査では、農業労働者が多数を占める一つの集落から、首都ヤンゴンの建設工事現場に、数十人の村人を二～三カ月単位で、送り出していた。さきの東北タイの村とは異なり、若年層の単身出稼ぎではなく、多くの者が世帯ぐるみで移動していた。幼い子どもをかかえる母親も現場で働き、一緒に同行する中年女性のリーダーが子どもたちの世話をみるのである。村のなかには、外部からの労働力派遣要請にたいして必要な数を調達して派遣するリーダーが存在し、非農業の就業機会を村人に提供する役割をはたしていた。

この集落の近隣の農家が過半を占めている村では、マレーシアあるいはシンガポールに出稼ぎに行った者もみられた。まだ送り出しネットワークや、斡旋会社が存在するわけではなく、個人的なつてを頼っての海外出稼ぎだった。出稼ぎの範囲、移動の範囲はここでも確実に広がっている。

農業雇用労働者が多く、農業雇用労働がもっとも重要な農村部での就業機会だったフィリピンでは、都市インフォーマルセクターでの就労や海外出稼ぎがいち早く広がり、出稼ぎ先は、世界の広い地域におよんでいる。インドネシアやビルマからの出稼ぎ者の行く先は現在のところ、マレーシアやシンガポールが多い。

一九九一年のパリ和平協定▲の締結によって対外開放と自由市場経済を義務づけられたカンボジアには、外資による縫製・製靴工場の進出があいつぎ、二〇〇五年にはこの二業種でGDPの一五％を産出し、輸出額の七〇％以上を稼ぎ

▼パリ和平協定　一九九一年十月、国連安保理の主導のもとに実現したパリ和平会議において、カンボジア内戦における紛争各派が和平協定に調印し、二〇年にわたる悲劇的な内戦に終止符が打たれた。平和回復、社会経済復興の方針が盛り込まれ、国連カンボジア暫定統治機構がその支援活動を担った。

出すようになっている。いずれも典型的な労働集約的産業であり、若い女性が労働力の基幹となっている。二〇〇一年の調査では縫製・製靴業で働く全国約二〇万人のうち、一八万人が農村部居住者であるという。

農村と農民的暮しの行方

農村で暮す人びとの就業構造、移動の範囲は急速に変わってきた。産業高度化が急速に進み、経済発展の著しいところほど、土地所有の重要性が失われてきて、非農業所得が多くの農家の家計収入の柱となっている。

一国の産業構造の高度化、グローバルな資本の流入、道路交通網の改善による都市と農村部の距離の縮小が人びとの移動性を高め、移動の範囲は村の垣根をこえて、大都市へ、そして海外にまで広がっている。一方、ラジオ、テレビ、ビデオなどの農村部への普及は、画一的な消費文化を浸透させ、外の世界との文化的同一化が進んでいる。農村と都市の区別が失われつつあり、農民的な文化、生活様式もうすれてきた。多くの地域で過去数十年のあいだ、農村居住世帯の所得は増加傾向にあったが、人びとの消費への欲求が高まり、こうしたなかで貧困感がむしろ強まっているという指摘もある。都市文化に接し、農村の生活を物足りなく思う若年層もふえている。マレーシアでは、教育水準が高い若年層を中心に、農村から都市への人口移動がめだっており農民の高齢化が進んでいる。さきにみたFELDA（七五頁参照）による入植農民の子弟の多くが、都市に還流しているといわれる。

過去数十年のあいだ、国民経済のなかでの農業部門の比重は低下を続けながらも、農業生産額自体は拡大し、農村の生活水準も東南アジア全域にわたって上昇してきた。しかし、村落内の所得格差、あるいは村落間の格差も広がっている。外部との接触のなかで開ける新しい機会をとらえて、経営地を拡大する農民と、土地を手放し、土地無し層に転ずる人びとへの農民の二極分解が進んでいる地域が多い。ただし、変化する就業機会が、土地のもつ意味をうすめているので、土地無し農民がただちに村の最貧層を形成するわけではない。

さらに道路・通信網が整備され、地方にも製造業が進出しているような地域の農村と、発展から取り残された地域の農村との格差も広がっている。しかし、国家の開発計画、外資の進出、国境貿易の自由化、新しい観光産業の興隆など、

東北タイの村落風景（一九八一年）

さまざまな要因が、短期間のうちにこうした農村の姿を変えてしまう事例も多い。村落は、閉じられた存在ではなく、国民経済や国際的な環境に組み込まれ、その影響を直接受けるようになった。

エルソンはその著書『東南アジアにおけるペザントリーの終焉《しゅうえん》』のなかで、現代は、東南アジアにおいて、小農というカテゴリーがほぼその基盤を失って消滅しつつある時代であると論じている。エルソンのいう小農とは、家族労働を中核として、機械化されない素朴な技術によって農業生産にたずさわる小生産者のグループであり、その生活が農業生産サイクルにもとづいており、社会的意識においても共通性がみられる人びと、というほどのゆるやかな範疇《はんちゅう》だ。一九九〇年代以降、小農という存在は、国民経済、地域経済、グローバル経済に包摂され、より強力な国家や縮小する距離の影響を受けて、農業者（ファーマー）、労働者そして市民という存在へと変化しつつあるという。

東南アジアにおいては現在も農村的風景は広汎に広がっている。しかし、そこでいとなまれている生活の内実の変化は大きく、しかもその速度は加速しつつある。農村というカテゴリーを、それ自身一つの特性をもった社会、外部世

同じ村の変化（一九九四年）

界と異なった小生産者主体の社会、農業のリズムにもとづいた独自の生活と文化パターンをもった社会として考えることは困難になりつつある。外部世界から相対的に独立した閉じられた農村社会という像は、もはや現実を映しているとはいえない。

植民地支配を受ける以前、東南アジアの村落は、明確な境界をもたず、人びとの流動性が高いという特色をもっていた。現在また人びとの流動性は高まり、村の境界もかつてなく低くなりつつある。境界が溶融し、人びとの移動性が高いという意味では、東南アジアの村落は、むしろその伝統的な姿に立ち返っているともいえる。しかし、現在生活の変化をもたらしている要因は、はるかに多様で複雑であり、変化のスピードも著しく早い。かつて植民地時代の激しい環境変化に積極的に対応し、東南アジア輸出経済を支える中核層となった農民は、経済グローバル化が進む現在、ふたたび世帯メンバーを動員して急激な変化に対応しつつ、生活を切り開いている。

参考文献

梅原弘光『フィリピンの農村――その構造と変動』古今書院　一九九二年
加納啓良「農業のインヴォルーション論批判――ジャワ農村経済史研究の視座変換」東南アジア研究会編『社会科学と東南アジア』勁草書房　一九八七年
加納啓良『現代インドネシア経済史論』東京大学出版会　二〇〇三年
加納啓良編『東南アジア史6　植民地経済の繁栄と凋落』岩波書店　二〇〇一年
北原淳編『東南アジアの社会学――家族・農村・都市』世界思想社　一九八九年
倉沢愛子『日本占領下のジャワ農村の変容』草思社　一九九二年
斎藤照子編『東南アジア史5　東南アジア世界の再編』岩波書店　二〇〇一年
桜井由躬雄『ベトナム村落の形成』創文社　一九八七年
重富真一編『グローバル化と途上国の小農』アジア経済研究所　二〇〇七年
白石昌也「ジェームズ・スコット『農民のモラル・エコノミー論』に関する覚書」『アジア研究』二六巻四号　一九八〇年
白石昌也「東南アジア農村社会論の最近の動向を巡って――モラル・エコノミー論とポリティカル・エコノミー論を中心に」東南アジア研究会編『社会科学と東南アジア』勁草書房　一九八七年
高橋昭雄『現代ミャンマーの農村経済』東京大学出版会　二〇〇〇年
高谷好一『東南アジアの自然と土地利用』勁草書房　一九八五年

坪内良博『東南アジア人口民族誌』勁草書房　一九八六年

坪内良博編『講座東南アジア学　東南アジアの社会』弘文堂　一九九〇年

永野善子『砂糖アシエンダと貧困——フィリピン・ネグロス島小史』勁草書房　一九九〇年

堀井健三「農村調査・農業経済研究」堀井健三編『地域研究シリーズ5　東南アジア経済』アジア経済研究所　一九九二年

堀井健三『マレーシア村落社会とブミプトラ政策』論創社　一九九八年

水野浩一『タイ農村の社会組織』創文社　一九八一年

水野広祐編『東南アジア農村の就業構造』アジア経済研究所　一九九五年

B・R・ミッチェル編『アジア・アフリカ・大洋州歴史統計　一七五〇〜一九九三』東洋書林　二〇〇二年

Boeke, J. H., *Economics and Economic Policy of Dual Societies: As Exemplified by Indonesia*, New York, Julius Herman Boeke, 1953.

Breman, Jan, "The Village on Java and the Early-Colonial State", *The Journal of Peasant Studies*, vol. 9, 1982, pp. 189–240.

Chen Siok-Hwa, *The Rice Industry of Burma 1852–1940*, University of Malaya Press, 1968.

Elson, Robert E., *The End of the Peasantry, A Social and Economic History of Peasant Livelihood, 1800–1990s*, London, Macmillan/New York, St. Martin's, 1997.

Furnivall, J. S., *An Introduction to the Political Economy of Burma*, Rangoon, Peoples' Literature Committee & House, 1957 (3rd ed.).

Furnivall, J. S., *Netherlands India: A Study of Plural Economy*, Cambridge University Press, 1967(rpt.).

Geertz, Clifford, *Agricultural Involution: The Process of Ecological Change in Indonesia*, University of California Press, 1963.

Hoadley, Mason C. and Christer Gunnarsson (eds.), *The Village Concept of Rural Southeast Asia: Studies from Indonesia, Malaysia and Thailand*, Nordic Institute of Asian Studies, Studies in Asian Topics, No. 20, Curzon Press, 1996.

Kerkvliet, Benedict J. Tria and Doug J. Porter (eds.), *Vietnam's Rural Transformation*, Boulder, Westview/Singapore, ISEAS, 1995.

Ota Atsushi, *Changes of Regime and Social Dynamics in West Java: Society, State and the Outer World of Banten, 1750–1830*, Leiden, Brill Academic Pub., 2005.

Scott, James, *The Moral Economy of the Peasants*, Yale University Press, 1976.

図版出典一覧

M. Adas, *The Burma Delta,* University of Wisconsin Press, 1974. — 7, 8
J. Breman & G. Wiradi, *Good Time and Bad Times in Rural Java,* Leiden, KITLV Press, 2002. — 81中, 81下左, 81下右, 82右
R. Cribb, *Historical Atlas of Indonesia,* Richmond, Curzon Press, 2000. — 14, 28
R. E. Elson, *Javanese Peasants and the Colonial Sugar Industry,* Oxford University Press, 1982. — 15
The Illustrated London News, Mar. 10, 1883. — 52
The Illustrated London News, May 31, 1884. — 37
The Illustrated London News, Sept. 13, 1890. — 45, 54, 57
The Illustrated London News, Aug. 5, 1893. — 51
The Illustrated London News, Jan. 16, 1897. — 46, 62
The Illustrated London News, Jun. 22, 1907. — 53
J. Rigg, *Southeast Asia: the Human Landscape of Modernaization and Development,* London & New York, Routledge, 1997. — 79, 86, 87
L. Tana & A. Reid (eds.), *Southern Vietnam under the Nguyen,* Singapore, Institute of Southeast Asian Studies, 1993. — 35中
D. J. M. Tate (comp.), *Straits Affairs,* Hong Kong, John Nicholson Ltd., 1989. — 56, 58
T. Winichakul, *Siam Mapped,* University of Hawaii Press, 1994. — 35上
石井米雄・桜井由躬雄『東南アジア世界の形成』講談社　1985 — 30, 43, 49
斎藤紋子 — 34
ユニフォトプレス — カバー表
著者撮影 — 22, 29, 31, 32右, 32左, 33, 36, 39, 80, 81上, 82左, カバー裏, 扉
著者提供 — 35下, 50, 67, 78

世界史リブレット84

東南《とうなん》アジアの農村社会《のうそんしゃかい》

2008年2月29日　1版1刷発行
2019年4月30日　1版3刷発行

著者：斎藤照子《さいとうてるこ》

発行者：野澤伸平

装幀者：菊地信義

発行所：株式会社 山川出版社

〒101-0047　東京都千代田区内神田1-13-13
電話　03-3293-8131(営業) 8134(編集)
https://www.yamakawa.co.jp/
振替 00120-9-43993

印刷所：明和印刷株式会社

製本所：株式会社 ブロケード

世界史リブレット 第Ⅰ期［全56巻］

〈すべて既刊〉

世界史リブレット 第Ⅱ期［全36巻］

〈すべて既刊〉